石元春全集

COMPLETE WORKS OF SHI YUANCHUN

PPT卷

石元春◎著

中国农业大学出版社
China Agricultural University Press
·北京·

图书在版编目（CIP）数据

石元春全集. PPT卷 /石元春著. --北京：中国农业大学出版社，2024.8. -- ISBN 978-7-5655-3272-6

Ⅰ. N53

中国国家版本馆CIP数据核字第2024NJ9450号

书　名　石元春全集·PPT 卷	
作　者　石元春　著	

总 策 划　丛晓红		策划编辑　石　华	
责任编辑　石　华		封面设计　李尘工作室	
出版发行　中国农业大学出版社			
社　　址　北京市海淀区圆明园西路 2 号		邮政编码　100193	
电　　话　发行部 010-62818525, 8625		读者服务部 010-62732336	
编辑部 010-62732617, 2618		出　版　部 010-62733440	
网　　址　http://www.caupress.cn		**E-mail** cbsszs@cau.edu.cn	
经　　销　新华书店			
印　　刷　涿州市星河印刷有限公司			
版　　次　2024 年 8 月第 1 版　　2024 年 8 月第 1 次印刷			
规　　格　170 mm×240 mm　　16 开本　　24.25 印张　　473 千字			
定　　价　220.00 元			

图书如有质量问题本社发行部负责调换

滴水粒沙集

——代《石元春全集》序

科教生涯快 70 年了。

前 40 年主要从事土壤地理科教工作。参加过中国科学院黄河中游水土保持综合考察和新疆综合科学考察；参加过土壤地理教学；"文化大革命"后参加黄淮海平原旱涝盐碱综合治理达 20 年之久。

世纪之交，参加过国家高技术研究发展计划（863 计划）、国家重点基础研究发展计划（973 计划）以及国家中长期科学和技术发展规划等三次国家重大科技发展战略的研究。

学术生涯的最后一站，是年过古稀还满怀激情地投入到一个全新领域，即倡导生物质科技与产业化。

20 世纪八九十年代，担任过 8 年北京农业大学校长。

自研究生学习以来，养成了一种"随做随总随写"的勤于笔耕习惯。为庆祝中国工程院成立 20 周年，不到一年时间就编撰出版了 280 多万字五卷册《石元春文集》。当了 8 年校长，秘书没为我起草过一篇文稿。因勤于笔耕，70 年积淀了一大箩筐的陈年旧纸。

2016 年夏患短暂性脑缺血症，即小中风，体能明显衰退，毕竟已是 85 岁的人了。于是减少外勤学术活动，增加室内写作，启动了整理编撰《石元春全集》计划。

《石元春全集》包括：文集类 6 卷册，《土壤文集卷》《农业文集卷》《教育文集卷》《生物质文集卷》《杂文文集卷》和《研究报告文集卷》；专著类 4 卷册，《黄淮海平原水盐运动卷》《战役记卷》《决胜生物质卷》《决胜生物质 II 卷》，其中《决胜生物质卷》出版后，美国和韩国的两家出版社又分别出版了英文版和韩文版，此次一并纳入《石元春全集》中；其他类 5 卷册，《PPT 卷》《视频选辑卷》

《自传卷》《影像生平卷》和《全集总览卷》。《石元春全集》中的部分卷册是新编的，部分卷册之前出版过，此次在原有版本基础上稍做修改补充，尽量保持原貌。作为科技与教育成果，《石元春全集》的内容与资料都已经过时了，但却留下了一些时代印痕。

感谢一生中鼓励、支持和帮助我的贵人；感谢我的老伴李韵珠教授；感谢中国农业大学出版社席清社长和丛晓红总编辑等为出版《石元春全集》所做的大量工作；感谢王崧老师在《石元春全集》出版过程中提供的种种帮助。

我是新中国培养的知识分子。通过《石元春全集》，将自己一生工作做一番清理，像整理打扫一间老旧住房一样。也想以此作为一种交代，对培养我的祖国与人民的一个交代与感恩，对辛勤一生的自己的一个交代与慰藉。

科学是一条流淌不息的长河，科技工作者是一滴水；科学是一座巍峨雄伟的大山，科技工作者是一粒沙。科技工作者就是做好滴水粒沙工作。

石元春

于北京燕园，2021 年末

我的 PPT

交流思想主要靠语言、文字和诗歌，有时辅助工具也很重要，如苏州的评弹、京韵的大鼓、京剧和歌剧的乐池。在学界，过去演讲靠腹稿与"清唱"，教书先生授课离不开黑板与粉笔。改革开放为学界送来了幻灯机，只要打开幻灯机，屏幕或墙上就会出现预先准备好的文字、图表和照片，清清楚楚，效果很好，只是制作幻灯片太费事和不够灵活机动。

过了几年，第二代道具出现了，用投影仪放映胶片。制作灵活方便，效果大气。因工作需要，我一直紧跟潮流，1993 年黄淮海项目申报国家科技进步特等奖的汇报答辩用的就是这种投影胶片。

又过了几年，第三代道具出现了，直至今日，就是 PPT。

20 世纪 90 年代，我参加科技部主持的"21 世纪国家高技术 S-863 发展战略研究"，看到信息组的汪成为院士用电脑 PPT 多媒体投影，太好了，让我着迷了。

使用笔记本电脑里的 PowerPoint（PPT）软件，将文字、图表、照片、漫画，以至音频和视频等融合在一起，投放到屏幕上，字体、图像、照片的大小色彩可以多选，可以随时增减改动。关键是 PPT 由演讲者自制，想怎么讲就怎么做，想做成什么样就什么样，演讲时自己操作，可以做到"讲"与"演"的完美融合，挥洒自如，行云流水一般。

1997 年，我有了 PPT 处女作——我主持的 S-863 农业高技术战略研究的汇报 PPT。在 1997—2015 年的 18 年间，我做了 170 件演讲 PPT。

《PPT 卷》由两个部分组成。第一部分是从 170 件演讲 PPT 中选取了内容重要和具有代表性的 PPT 做成纸质版。选取主要考虑的是内容，如向时任总理温家宝汇报、科学与人文的互动、迎接新的农业科技革命、感悟农业等。

这些演讲 PPT 纸质版中的少数几幅有叠加覆盖迹象，这是由幻灯片放映中的动画与切换造成的，请读者谅解。

  《PPT 卷》的第二部分主要是世纪之交参加的三大国家科教项目战略研究的内容,即 S-863 国家高技术发展战略研究、21 世纪初建设 100 所大学"211 工程"以及温家宝总理亲自主持的"国家中长期科学和技术发展规划"。在三大战略研究中,我都担任农业组组长,使我有机会获得大量科技信息和思考,学术思想非常活跃。

  这些演讲 PPT 有三大主题:"农业科技革命""现代农业"和"农林生物质产业",但会根据不同场合与听众对象调整相应的内容。在这些 PPT 中也不乏时令性讲题,如粮食安全、农民增收、沙漠化与防治、农业生物技术、我的资源环境观、土壤学的数字化与信息化革命、农田节水、数字农业、发展草业等。

  在整理这 18 年的 PPT 资料时发现,当时古稀之年的我竟忘记年龄,一如既往地驰骋在科技战场,2001 年出差 22 次,110 天,PPT 演讲 13 场;2002 年出差 20 次,89 天,PPT 报告 24 场。直到 2015 年的 84 岁这一道坎,才感到"年龄不饶人",于是以 2015 年 09 月 07 日的吉林四平黑土地论坛上的演讲"黑土地保护与物质循环"作为谢幕,最后一次 PPT 演讲,第 170 场。

  2019 年我住进了泰康之家养老社区。不想在鲐背之年又迷上了 PPT 视频,三年做了 31 个视频,200 多分钟,14GB。目前正在编撰《石元春全集·自传卷》《一儒》的视频版。PPT 视频就是利用 PPT 软件做成 PPT,加入配音和背景音乐,再用 mp4 软件生成 PPT 视频。

  《PPT 卷》是一种尝试,望不会贻笑大方。

  感谢王崧老师为本卷做的大量工作。

石元春
于北京燕园,2024 年春

目 录

CONTENTS

1 21 世纪国家高技术（S-863）农业领域战略研究报告（汇报）

（1999 年 07 月 02 日，北京，科技部）

▎【背景】

　　1986 年 03 月，我国开始实施高技术研究发展计划，即"863 计划"，是"跟踪"性质的。1993 年，国家科委宋健主任建议，应及早进行 21 世纪国家高技术发展战略研究和制订 S-863 计划。1994—1999 年，本书作者参加了该项战略研究，任农业领域组长。1999 年 07 月 02 日，代表农业领域研究组向科技部部长徐冠华做结题汇报。汇报首次使用 PPT。虽显粗糙，但迈出了第一步。

5 个重大项目：

☆ 超级种培育
🕐 农业生物制剂
🕐 控释专用复肥
🕐 现代农业节水工程技术
🕐 农业信息技术

前沿高技术：
分子标记 微生物重组 3S精细农业

中国农业正处在体制与科技，
  经营与结构的重大历史转折时期！

战略目标：

根据我国农业发展的时代背景和重大需求，精选几个具有前瞻性、战略性和一旦突破可以对行业产生很大推动力的重大农业高技术项目，精心组织，用三五年时间，取得重要进展，十年成气候。

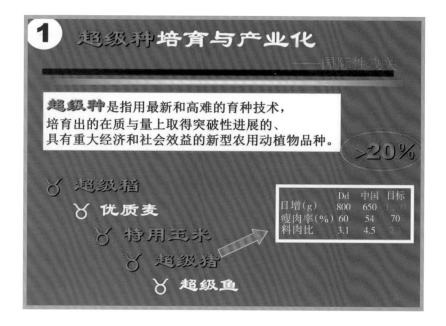

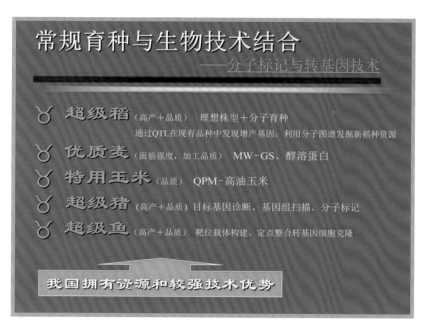

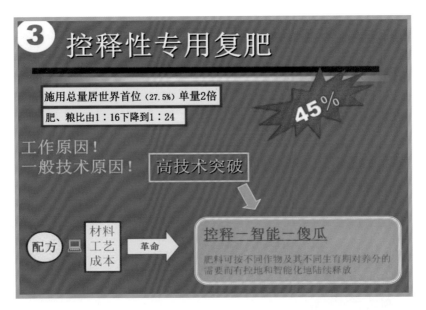

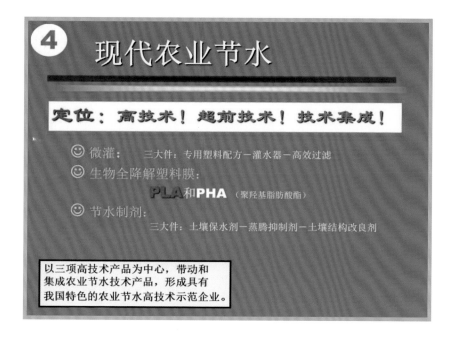

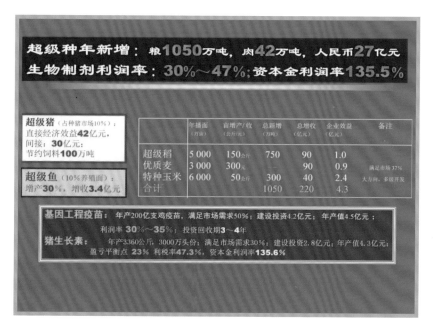

⑤ 农业信息技术
——大力度推动我国农业信息化

定位：实用性！多科性！集成性！

✠ 建立农业专家系统体系及其产业化（140件套、二次开发、全国县以上）
　　——生长机理模型和虚拟技术

✠ 多层次多功能的农业信息服务网络平台（采集、处理、存储、传输）
　　——市县局域网和网站、农业空间信息网络平台、网络数据信息库

✠ 用户开发与培训
　　——四大用户群：领导管理人群、企业—农户群、技术推广人群、教育培训人群

✠ **3S** 精细农业（北京、东北、新疆）　　——以软件为主；以GIS为主；

18组农业高技术产品预测

◆ 国际领先类：**7**组
　　超级稻、超级猪、特用玉米、超级鱼、猪生长素、
　　生物反应器、生物全降解塑料

◆ 先进适应类：**11**组
　　优质麦、生物农药、昆虫信息素、基因工程疫苗、
　　牛生长素、农用酶制剂、控释专用复肥微灌、
　　节水制剂、农业专家系统、3S精细农业软件

笨鸟先飞 ——准备农业科技企业

深圳绿鹏公司：
— 猪生长素中试成功和小批量生产150万头。
— 动物乳房生物反应器（人血清白蛋白、干扰素）今秋见羊，明春见牛。
— 农业节水与温室产品。
— 农业信息技术产品。

杨凌绿方公司：
— 基因工程疫苗。

北京绿亚公司（绿化器）
— 生物全降解塑料。
— 二元活性制剂。
— 综合农业节水精品。

建议：

☒ 竞争激烈，形势严峻，要进一步增强危机感和紧迫感尽快启动"S-863"！

☒ 重大项目一定要突出企业的主体地位，一定要"企业依靠院校，院校投靠企业"。

☒ 农业可按**5**大项目，培植5个示范性企业，找好项目切入点，吸引一批院校加盟作技术依托。

☒ 发展高技术讲究个**快**字，建议三年为一段，五年为一期。

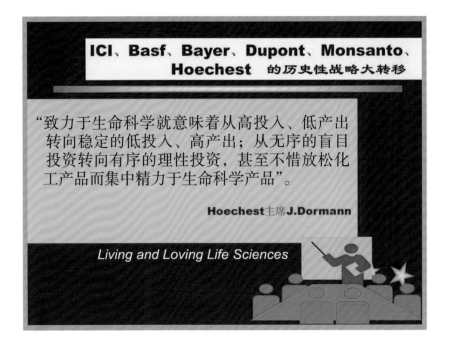

紧锣密鼓的跨国大公司

重组
- 1993年ICI分离组建生命科学和化学的Zeneca公司，创7亿产值。
- CGG组建了Novatis生命科学公司，6亿美元用于农业。
- 1998年杜邦与法种子公司Hybrionra合建杜邦小麦企业从控股到全部收购

调向
- □ 德AgrEvo的"植物保护企业" ——→ "植物生产企业"

巨投
- 马拉松式的投资竞赛：
  杜邦——6亿；孟山多——6.5亿；Rhodia——7亿；Hoechst——12亿

基础
- □ Novatis以6亿美元建农业发现研究所研究植物基因组，与加大 伯克利分校签2500万美元的5年协议
- □ 孟山多与千年制药公司合作成立Cereon基因组公司2.18亿$
- □ AgrEvo:基因组×组合化学以高效筛选

诺贝尔奖得主李远哲说，有些国家跟上了第二次产业革命，它们仍将强大而富有，没有跟上的国家，将仍然悲惨。在以后的一两百年内我们将会看到急速发展中的生物技术，尤其是当生物技术对医药和农业的应用开始了实质的进展后。

如果亚洲国家真要创造奇迹，也许要赶快投入科学研究与高科技的发展，生物技术也许是亚洲国家能够创造的奇迹。

发达国家高科技产业发展的历史长、基础好、实力强、动作快、野心大。在全球经济一体化中，每个跨国大公司就是一支舰队。如果我们不能卧薪尝胆，奋发图强，也许不要十年，农业高科技产品的市场都将被这些"舰队"所占领。经济和技术半殖民地的历史决不能重演。

二维码1

二维码2

二维码3

2 土壤学的数字化和信息化革命
（1999年10月09日，南京）

【背景】

1999年秋，中国土壤学会在南京召开了第9届会员代表大会。本书作者的演讲题目是"土壤学的数字化和信息化革命"。演讲基于近代土壤学发展历史，提出将向着模式化趋势、数字化趋势、智能化趋势、精确化趋势和网络化趋势方向发展以及演讲最后做方法论思考。这是他参加"S-863"战略研究在土壤学领域的升华。演讲PPT被撰写成文后发表在《土壤学报》2000年第3期上。

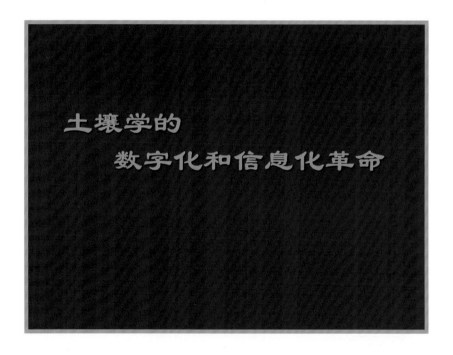

RICHARDS（1931）引达西定律入非饱和土壤水研究，将土壤水的存在和运动视作多孔介质中的流体力学系统，建立了土壤水动力学体系

PHILIP（**1966**）提出土壤－植物－大气可视作物理上的一个连续体（**SPAC**），以电阻网络进行类比

- **GEOCHM土壤化学模型**（Sposito, 1979）
- **土壤盐化和碱化模型**（Pachepsky, 1979）
- **LEACHN 土壤溶质运移模型**（Hutson）
- **Hoosbeek** 的土壤模型分类 （1992）
  不同空间尺度、定量化和复杂性程度（CRT值？）

◆ 物理学理论和方法的引入推进了土壤学的模式化和数量化研究；
◆ 模式化和数量化是对研究对象进行理论概括和表达的重要形式和方法。

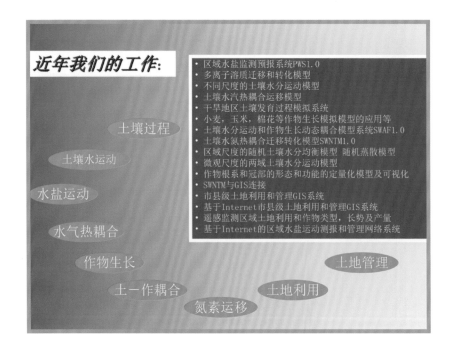

近年我们的工作：

- 区域水盐监测预报系统PWS1.0
- 多离子溶质迁移和转化模型
- 不同尺度的土壤水分运动模型
- 土壤水汽热耦合运移模型
- 干旱地区土壤发育过程模拟系统
- 小麦，玉米，棉花等作物生长模拟模型的应用等
- 土壤水分运动和作物生长动态耦合模型系统SWAF1.0
- 土壤水氮热耦合迁移转化模型SWNTM1.0
- 区域尺度的随机土壤水分均衡模型 随机蒸散模型
- 微观尺度的两域土壤水分运动模型
- 作物根系和冠部的形态和功能的定量化模型及可视化
- SWNTM与GIS连接
- 市县级土地利用和管理GIS系统
- 基于Internet市县级土地利用和管理GIS系统
- 遥感监测区域土地利用和作物类型，长势及产量
- 基于Internet的区域水盐运动测报和管理网络系统

土壤过程

土壤水运动

水盐运动

水气热耦合

作物生长

土地管理

土－作耦合

土地利用

氮素运移

土壤学的数字化研究

发端于土壤分类和制图

土壤分类由概念性和经验性转移到以诊断层和诊断特性为基础的系统分类为数字化打开了一条通道：

	20世纪70年代	20世纪80年代	20世纪90年代
加拿大：	建土壤数据库		NSDB（1999）
美国：		土壤地理数据库	NASIS（1999）
ISSS：		SOTER（1986）	
中国：			20世纪80年代后期开始作专项土壤信息系统 1995年正式提出我国土壤系统分类

3S技术 –

土壤数字化的强大武器

● **GPS**的出现，弥补了**RS&GIS**的不足，整合成一个完整的*空地（数字化）信息采集处理系统*

● 航天遥感的物理分辨率达 **1**米×**1**米，成像重复周期 **3** 天 航空遥感的物理分辨率达 **0.5**米×**0.5**米，实时实地采集 信息GPS实时实地精确定位到米级

● 基于以上技术的进展，戈尔提出的分辨率为 1米×1米的 "*数字地球*"概念和*土壤圈层的数字化*

智能化趋势

信息技术的强大处理能力与人的智慧相结合，使我们可以对获取的信息进行整理、解释、推理和决策，使研究的问题和对象智能化

- 土地评价专家系统（Wright, 1983）
- 土壤污染控制专家系统（Wagenet, 1992）
- 土壤数值分类专家系统（Samson, 1992）
- 土壤系统分类专家系统（Bryant, 1994）
- 土壤学教学专家系统

我国的土壤专家系统：
- ◆ **PWS** 区域水盐动态预报专家系统（1991）
- ◆ **SWAF** 农田水循环及其管理专家系统（1998）
- ◆ 平衡施肥专家系统（1998）
- ◆ **GLIS** 土地管理专家系统（1997）

SWAF 运行画面：

前沿技术：

- 专家系统的虚拟化描述和操作设计
  - 自动知识获取、推理策略和优化模拟

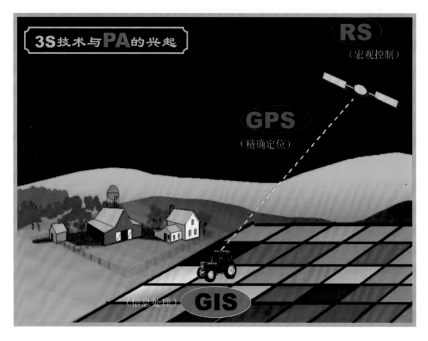

以3S的数字化和信息化技术适应了农田综合要素的空间变异特征，使农事操作由粗放到精确。

- 美国 **9%** 的玉米农场中的 **20%** 农田采用PA
- 美国明尼苏达州经济作物农场 **60%～80%** 采用PA

12米² （最小操作单元）
施肥、喷药、耕作、灌溉……

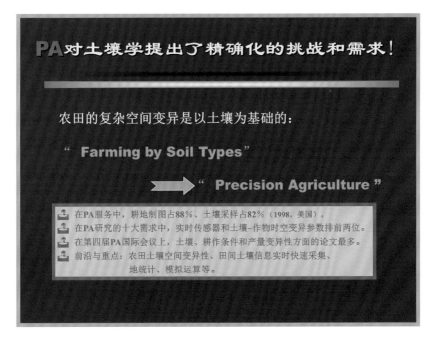

PA对土壤学提出了精确化的挑战和需求！

农田的复杂空间变异是以土壤为基础的：

"**Farming by Soil Types**"

➡ "**Precision Agriculture**"

- 在PA服务中，耕地制图占88%、土壤采样占82%（1998，美国）。
- 在PA研究的十大需求中，实时传感器和土壤–作物时空变异参数排前两位。
- 在第四届PA国际会议上，土壤、耕作条件和产量变异性方面的论文最多。
- 前沿与重点：农田土壤空间变异性、田间土壤信息实时快速采集、地统计、模拟运算等。

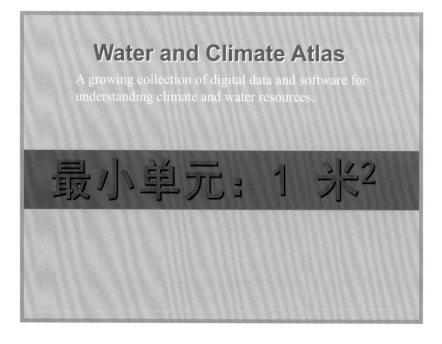

单用户系统－集中式网络系统
客户/服务器网络系统——**Internet / Intranet**

GIS 发展到基于网络的 **WWWGIS** 和 **OpenGIS**

CGIS（加拿大，**1964**）──────▶ **NSDB**（**1999**）
LUNR（美国，**1967**）──────▶ **NASIS**（**1999**）

国际灌溉管理研究所建成了配合世界土壤图的：
"世界农业水和气候图集"

我国尚处单用户阶段，晚了**20**年！

最近的两项工作：

"基于WWW的土地信息系统研究"（涂真，1998）
　　　　──探讨了基于 **Internet / Intranet** 的客户/服务器的应用。

"土壤系统分类的计算机实现及其应用"（蒋平安，1999）
　　　　──中国土壤系统分类中诊断层和诊断特性和土壤分类的
　　　　　知识库、辅助识别、分类检索与数据库系统（**STDB**）。

方法论思考

？

科学发展的反思：

就方法论而言，人在认识客观世界中，

一是通过*微化*以求物质构成的基本单元和共性。

一是通过*简化*以揭示复杂系统及其运动的本质和原貌。

土壤的基本单元是什么？
土壤最本质的运动形式是什么？

土壤是在气候、生物、地学条件和人类活动影响下，具有时空属性的地理体和能够提供植物生长条件的地球陆地表层。

以"土素"为基本单元和以"物能信息流"为本质的运动形式，

可能有利于土壤的数字化和信息化，

可能构建统一的土壤观和土壤学体系。

土壤最本质的运动特征是什么？

土壤最本质的运动形式是土壤及其与环境间物质和能量的 *信息流* 的变换和转移过程。

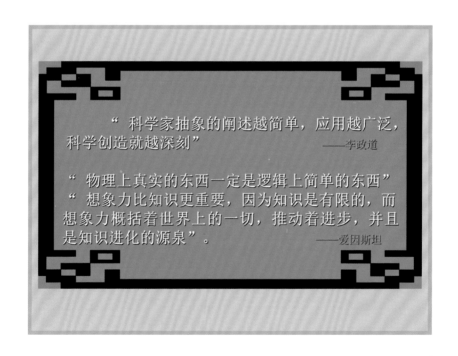

"科学家抽象的阐述越简单，应用越广泛，科学创造就越深刻"

——李政道

"物理上真实的东西一定是逻辑上简单的东西"
"想象力比知识更重要，因为知识是有限的，而想象力概括着世界上的一切，推动着进步，并且是知识进化的源泉"。

——爱因斯坦

【补言】

土壤学的数字化和信息化革命

石元春

【摘要】 19 世纪以来的近代土壤学的发展主要受化学和地学的影响，而物理学和数学到 20 世纪中叶才开始进入，但却引发了当今土壤学的数字化和信息化革命。它表现在土壤学研究中的模式化趋势；土壤分类和制图上的数字化趋势；应用信息技术的强大处理能力形成各种土壤专家系统的智能化趋势；3S 技术和 PA 推动下农田土壤研究的精确化趋势以及土壤信息的网络化趋势。本文最后还就土壤学的数字化和信息化发展中的一些方法论问题做了讨论。

提起近代土壤学，很自然地会想到李比希植物矿质营养及元素归还学说（1840 年）、卫和劳斯发现的离子交换现象（1850 年）；也会想到法鲁的农业地质学说（1865 年）、道库恰耶夫的土壤发生学说（1874 年）和 Hilgard 的土壤形成理论（1893）。近代土壤学是在地学和化学影响下产生和发展起来的，这种影响一直到 20 世纪中叶。作为地球的一个圈层，土壤具有明显的地学属性，又是具有肥力特征的农业生产资料，地学与化学的首先进入是理所当然的事。物理学和数学在这段时间里的贡献不大，没有进入土壤学发展的主流。可是，自 20 世纪中叶以来，数理在土壤学的发展中却异军突起，引发了土壤学的数字化和信息化革命。

一、模式化趋势

一个学科对其研究对象的认识都有一个由经验到理性，由概念到量化的过程。近代土壤学发展中的地学和化学研究，揭示了土壤的某些现象和规律，但偏经验与概念，物理学和数学的引入使这种状况有了改变。达西定律于 19 世纪中叶提出，1931 年 Richards 引入非饱和土壤水研究，将土壤水的存在和运动视作一个多孔介质中流体运动的力学体系，应用物理学和数学的相关理论和方法，建立了土壤水动力学。1966 年，Philip 提出了不同介质的土壤、植物和大气可视作一个物理上的连续体的概念（SPAC），以欧姆定律的形式模拟水流通量和用电阻网络进行类比，使一维稳定流条件下不同介质中水分运行的能量流及其指标——"水势"联成一个统一的系统。物理学理论和方法的引入推进了土壤学的模式化和数量化研究。

模式化和数量化是骨骼和肌肉的关系，是理论概括和量化的重要形式与方法。自 20 世纪 60 年代以来，特别是计算机技术的兴起，土壤过程的数学模拟发展很快，如 Sposito 的土壤化学模型 GEOCHM（1979）、Pachepskyd 的土壤盐化和碱化模型（1979）、Hutson 的土壤溶质运移模型 LEACHN 等。Hoosbeek 从发生学角度对已有土壤过程的定量模型按不同层次（空间尺度）、定量化和复杂性程度做出了土壤模型分类，但分类中没有反映土壤变化的时间尺度（CRT 值）。20 世纪 90 年代初，我们建立了黄淮海平原水盐运动的数学模型，以物质流和能量流概括与量化这个多要素构成和时空变化复杂体系的水盐运行规律和过程。此后又将这种模式化研究扩展到土壤水气热耦合运移模型、土壤 – 作物系统及环境间的整合模型、针对冲积平原土壤质地剖面复杂多变提出的农田土壤质地剖面的随机模拟模型以及土壤中多离子运移模型、田间条件下的土壤氮素运移模拟模型、土壤 – 作物系统中氮素循环模型、土壤中钙运移的化学过程模拟、干旱地区人为活动作用下的土壤过程模拟等。这种综合化、模式化和数量化的研究越来越广泛地渗透到土壤研究的各个领域，深化了土壤学的理论性研究，也推动了土壤科学在农业的水肥管理、农田节水、作物生产、盐渍土改良、土壤资源可持续利用以及宏观测报等各个方面的应用。

二、数字化趋势

土壤的数字化工作发端于土壤的分类与制图研究。土壤分类由概念和经验转移到以诊断层和诊断特性为基础的系统分类，为土壤的数字化研究打下了重要基础。20 世纪 70 年代和 80 年代初，加拿大和美国开始建土壤数据库，1986 年国际土壤学会提出了建立全球和国家层次的土壤 – 地形数字化数据库 SOTER 计划。加拿大于 20 世纪 70 年代建立的土壤数据库已发展到包括土壤、景观和气候数据和不同比例尺的 GIS 图件的国家土壤数据库系统（The National Soil Data Base, NSDB, 1999）；美国 20 世纪 80 年代初建的土壤地理数据库系统已开发成更加强大和完善的数据及图形信息处理功能，并采用视窗系统及基于 Web 网络的国家土壤信息系统（The National Soil Information System，NASIS）。该项工作我国起步较晚，20 世纪 80 年代中期才开始某些专项的土壤信息系统研究，如土壤侵蚀信息系统、京郊水土流失信息系统、海南岛土壤与土地数字化数据库干旱土壤分类检索和数据库系统、红壤资源信息系统等。1995 年我国土壤系统分类促进了我国土壤信息系统的建立。

　　土壤是一个具有明显时空特性的复杂系统，在信息采集和数量化表达上的数据量大，难度也大。20 世纪 70 年代发展起来的 RS 和 GIS 技术才对该问题的解决有了实质性的推动。RS 是通过航天航空传感器接收地物电磁波及其光谱特性，以图像形式解读有关土壤信息。目前卫星遥感的物理分辨率已达 10 米 × 10 米，最高可达 1 米 × 1 米，成像重复周期 3 天；航空遥感可以 0.05 米 × 0.05 米的分辨率实时实地采集信息。GIS 则可以进行大量图片形式的各种地面数据的储存、处理和用叠加法做三维时空分析，是计算机影像和地面数据管理系统。RS 和 GIS 成为土壤信息数量化操作和分析的得力帮手，很快就在土壤地理、调查制图、动态监测、土地资源管理等方面得到应用并且日臻完善。令人高兴的是，20 世纪 90 年代出现了可全球性精确定位到厘米级的 GPS 技术，这就弥补了 RS 和 GIS 在实时实地精确定位上的不足。三者各司其职和相互补充地构成了一个功能完整和强大的空地信息采集处理系统，成为土壤数字化和信息化的强有力的技术支撑。

　　戈尔的分辨率为 1 米的"数字地球"概念也是基于这种信息技术最新的发展才提出来的。作为地球的一个重要圈层和农业的基本生产资料，数字化土壤将成为数字地球家族中的重要一员。

三、智能化趋势

　　智能化是信息技术的一个重要功能，即应用人类知识和信息技术的强大处理能力对获取的信息进行解释、推理和决策，是人类思维的延伸。近一二十年来，各领域的知识系统、辅助决策系统、智能化专家系统及其相应的软件等得到迅速发展。土壤方面的专家系统，如用于农用土地评价的专家系统、用于控制土壤污染的专家系统（1992）、用植被分布的光谱信息进行土壤的数值分类和基于土壤系统分类开发的 SOIL TaxES 专家系统等。Minnesota 大学、North Carolina 州立大学和 Kent 大学还开发了用于土壤学教学的专家系统。

　　我国重视对水、肥和土地管理方面专家系统的开发。具有很强实用价值的平衡施肥专家系统一直是研究开发的热点，如中国农业科学院土壤肥料研究所提出的已商品化的平衡施肥专家系统。农田水管理方面，我们在黄淮海平原土壤水盐运移模型基础上开发了区域水盐预报的 PWS 系统，可以按用户输入的参数和数据提供区域地下水水位和水质、土壤水分和盐分的预报等值线图，以后又研究开发了农田土壤 – 作物系统水循环和科学管理的 SWAF 专家系统。土地管理信息系统方面开发的 LIS 土地管理信息系统已实现商品化。

　　李保国等将虚拟技术应用于专家系统的探索，使专家知识与模型量化相互补充，用虚拟技术形象地描述专家的系统推理和辅助决策，可以进行操作性设计，这将使智能化研究进入一个新的意境。在智能化研究开发中，加强自动知识获取、推理策略、优化模拟以及新的开发平台的研究研制具有重要意义。智能化农业专家系统的研究发展很快，1998 年在荷兰召开的计算机应用会议上提出了上百个农业专家系统，覆盖了育种、栽培、耕作、灌溉、施肥、植保、养殖、经营管理和农业经济等各个方面。从进展和现状看，土壤学科的智能化研究尚有待加强。

四、精确化趋势

土壤领域的 RS 和 GIS 技术主要用于中小比例尺的宏观性工作，而农田尺度土壤的复杂空间变异仍困扰着土壤学家和农学家。当具有实时实地、快速高精度空间定位功能的 GPS 技术出现并与 RS、GIS 相互补充地构成了一个空－地数据采集、处理和可用于实时实地操作的 3S 系统后，其很快就在农业上得到应用。首先在精确施肥上取得了成功，继而在喷洒农药和除草剂、耕作和播种上被采用，其最小操作单元为 $12 \sim 15$ 米^2。由于使用范围的迅速扩大，当时人们称为精确农作（Precision farming），已统一称精确农业（precision agriculture, PA）了，发展势头强劲。在美国 9% 的玉米种植农场的 20% 农田上采用了 PA；明尼苏达州甜菜等经济作物地区采用 PA 的比例高达 $60\% \sim 80\%$。PA 一改传统农业的粗放和经验为精细和科学，可显著提高土肥水等资源的利用效率，减少对环境的污染，降低生产成本和增加农民收入。

空间变异，并实时实地做出操作处理。而这种农田条件的空间变异性是以土壤为基础的，所以 PA 的最初提法是 "Farming by Soil Types"。在 1998 年美国的 PA 服务中，主要是耕地制图（88%）和土壤采样（82%）；在最新调查的 PA 研究十大需求中，排在最前面的是实时传感器和土壤－作物时空变异参数。在第四届 PA 国际会议（1998）上，土壤、耕作条件和产量的可变性方面的论文最多。PA 对土壤学提出了精确化的挑战和需求，也为土壤学的发展提供了一个新的生长点和空间。农田土壤空间变异特性、田间土壤信息实时快速采集技术、地统计分析、模型的模拟运算、空间信息处理、图形自动生成与图像判读、多种数学方法的应用等大量工作需要开展。

五、网络化趋势

全球和国家层次的资源、环境和农业的宏观管理和服务，对土壤/土地信息资源共享的需求日增，土壤/土地信息的网络化已是大趋势。信息网络化经历了单用户系统、集中式网络系统（局域网）、客户/服务器网络系统和 Internet/Intranet 的发展阶段。GIS 也随之发展到目前的基于网络的 WWWGIS 和 OpenGIS。土壤信息的网络化始于 20 世纪六七十年代各自建立的单用户土地利用系统，如加拿大的 CGIS（1964）、美国的 LUNR（1967）等。进入 20 世纪 90 年代，它们相继或正在发展为基于网络的土壤信息系统，如上述的 NASIS 和 NSDR 等。国际灌溉管理研究所于 1998 年建成了"世界农业水和气候图集"，在互联网上可以查阅该数据库配合世界土壤图提供的以 1 平方英里（1 平方英里 =2.59 千米 ^{2}）为单位的近几十年全球农业水文和气候资料。

对于土壤信息的网络化而言，我国目前仍处在单用户系统阶段，比发达国家晚了一二十年。我们做了两种有益的尝试：一是在李保国、钟骏平指导下完成的中国土壤系统分类中诊断层和诊断特性和土壤分类的知识库、辅助识别以及系统分类的检索与数据库系统 STDB；二是基于 WWW 的土地信息系统的研究对基于Internet/Intranet 的客户 / 服务器的应用做了有益的探索，这套体系的结构和软件经检验对区域和全国土地信息系统的建立有重要实用价值。在网络技术趋于成熟和不断发展的今天，我们可以在网络技术的现水平上推进，如能讲究策略，集中力量，可能较快缩小差距。

六、方法论思考

应用量子力学理论和方法研究氢分子结构的成功促进了建立量子化学和现代化学的理论体系；由进化论、细胞说、基因说到 DNA 双螺旋结构的发现使生物学由经验性发展到分子基础上的现代生物学体系；当深入 DNA 的大分子结构和纳米尺度时，生物学与物理学的统一成为当今重大科学前沿；C.E. 申农的信息论是将对象的运动抽象为信息流动的过程和变换系统，J.W. 图契用二进制的"bit"作为数字化符号和信息单位才有今天的信息科学和技术的发展。列举这些事例是想说明，在认识客观世界中，从方法论上说，一是通过微化以求物质构成的基本单元和共性，二是通过简化以揭示复杂系统及其运动的本质和原貌。

土壤是在气候、生物、地学条件和人类活动影响下，具有时空属性的地理体和能够提供植物生长条件的地球陆地表层。土壤的运动主要表现在一定时空条件下土壤中进行的理化和生物学过程及其表现出的相应特性。矿质营养和元素归还、土壤发生和大小循环、诊断特性和系统分类等皆从某一侧面揭示了土壤的性状和运动过程。那么，土壤的最基本单元是什么？最本质的运动形式是什么？ Pedon是出于土壤调查的考虑而提出的最小描述和采样单元，而作为具有普遍意义的土壤的基本单元应当是符合土壤定义和本质特征的，可以统一获取信息和数字化表示的基本单元可称之为"土素"，如生物体之细胞。单体土素具有相对均一的土壤特性和物能运动特征。确立土壤的基本单元，必将有力地推进土壤学的数字化过程。土壤最本质的运动形式是土壤及其与环境间物质和能量的信息流的变换和转移过程。以"土素"为基本单元，通过物能信息流的运动有可能构建统一的土壤观和土壤学体系。从这个意义上说，20 世纪中叶开始的数字化和信息化是土壤学的一次意义深远的革命，一次由经验走向系统理论的革命。当然，要走的路程还很长。

李政道说："科学家抽象的阐述越简单，应用越广泛，科学创造就越深刻"。爱因斯坦说："物理上真实的东西一定是逻辑上简单的东西"，又说："想象力比知识还重要，因为知识是有限的，而想象力概括着世界的一切，是知识进化的源泉"。

（全文发表在《土壤学报》2000 年第 3 期）

二维码 4　　　　　　二维码 5　　　　　　二维码 6

3 迎接新的农业科技革命
（2000年12月20日，哈尔滨）

【背景】

　　本书作者在参加国家高技术S-863计划战略研究过程中，逐步形成了对农业的新科技革命的认识。于1996年一次演讲后成文，发表在1997年05月02日的《中国科学报》上。这是在国内首次提出新的农业科技革命概念并做了系统阐述。2000年12月应黑龙江省政府之邀，本书作者在哈尔滨用PPT做了题为《迎接新的农业科技革命》的演讲。2001年11月6日江泽民总书记在会见参加"国际农业科技大会"的中外著名农业科学家时的讲话中说："中国农业已经进入新的发展阶段。针对农业新阶段的要求，中国正在探讨新思路、制定新对策。推进新的农业科技革命是促进农业持续发展的根本措施。"

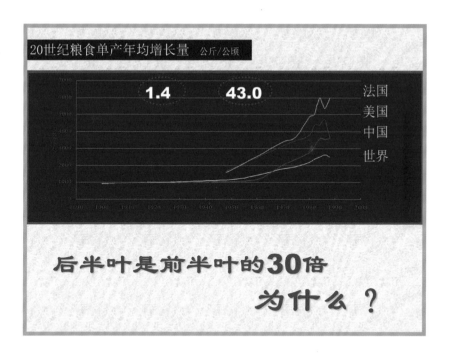

20世纪粮食单产年均增长量 公斤/公顷

1.4　43.0

法国
美国
中国
世界

后半叶是前半叶的**30**倍

为什么？

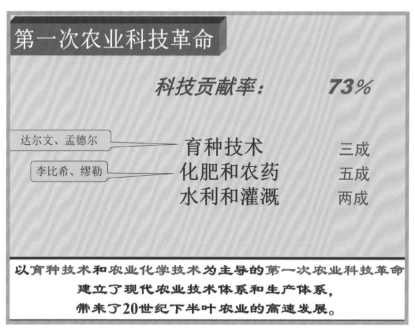

第一次农业科技革命

科技贡献率：　　*73%*

达尔文、孟德尔 ——　育种技术　　　三成
李比希、缪勒 ——　化肥和农药　　五成
　　　　　　　　　水利和灌溉　　两成

以育种技术和农业化学技术为主导的第一次农业科技革命
建立了现代农业技术体系和生产体系，
带来了20世纪下半叶农业的高速发展。

生物技术引发了农业育种的革命！

常规育种技术主要依靠育种家的经验对作物性状作表型选择，仅能利用很有限的种内杂交优势

生物技术的伟大之处在于可以对生物的遗传信息进行实验室操作；可以在动物、植物、微生物，即所有物种间作基因转移和重组；可以作遗传改良工程设计，因而极大地扩展了生物种质资源和杂种优势利用，是生物科学和技术的一次伟大的革命！

基因改良1： 注入特性

抗虫、抗病、抗除草剂等

耐旱、耐盐、耐低温等

已发现和开始应用的
有50个基因

基因改良**2**： 产出特性

☒ 特用玉米： 饲料用玉米 （高赖氨酸……）
工业用玉米 （高油、高直链淀粉）
食品用玉米 （果、糯、爆、罐……）

☒ 功能性食物： 富含α-维生素E和不饱和脂肪酸油料
富含抗癌蛋白的大豆、鞣花酸的草莓
无豆腥味的大豆
吸油少的煎炸用的土豆

☒ 可食性疫苗

GLOBAL REVIEW OF COMMERLIALIZED
TRANSGENIC CROPS：2000　　Clive james, 2000,10,12

2000年
全球GMO种植面积4200万公顷

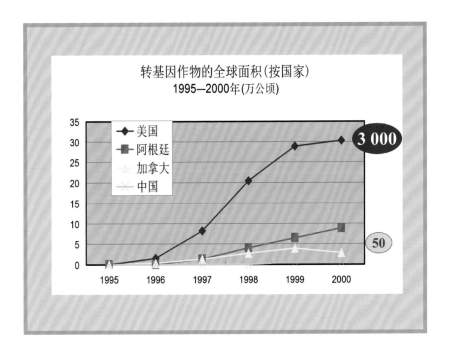

转基因作物的全球面积(按国家)
1995—2000年(万公顷)

基因工程猪

中国有翻番潜力!

	发达国家 预计目标	中国现状
日增重/g	2005	650
瘦肉率/%		54
料肉比		4.5
产仔率/%		11

（1998年，第六届遗传学应用于畜牧生产国际会议）

胚胎工程牛（内大）

猪（牛）生长素

经FDA批准，bST于1993年在美国实现商业化，应用 bST 技术生产的牛奶和奶制品在美国已占有 30% 的市场

中国是继美国后能进行产业化生产的国家之一

生物农药和畜禽疫苗技术的突破

农药:
⇩ "环发会"的指标： **60**%、**15**%、**1**%
⇩生物农药的先天性弱势：药效缓、击倒慢、适应力差。

疫苗:
⇩灭活苗 成本高、免疫保护期短、反复免疫。
⇩弱毒苗 毒株难求、反弹难控。

年生产100亿支鸡疫苗，产值10亿元

	生产原料	厂房（米²）	用工数（个）	耗能（千度）	成本（万元）
常规法	5 000万个鸡胚	100 000	5 000	10 000	25 000
反应器	2头牛	100	2	2	3
提高倍数	—	1 000	2 500	5 000	8 300

信息技术对传统农业的全面提升

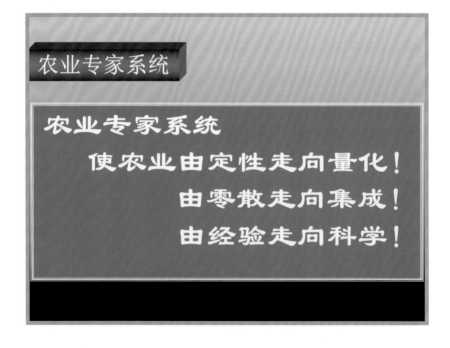

农业信息网络——从占有自然资源到占有信息资源

- AGNET AgDailyh FamDayta
  农户：奶牛场=41.6%：46.8%(美国,1995)
  　　　　=11.0%：35.0%(荷兰,1995)——DHM,SF
- EUNITA DAINET PlanteInfo (Videotex)
- 日本：公众通信网络。
- 中国：" 金农工程"，5 000门网用电话，千县百户及省厅/农副市场。

·农户	2.4亿
·农业企业	—
·农业科技企业	—
·农业技术人员	100多万
·农业管理人员	40多万
·农业教育系统	400多所

网络技术
使农业由分散封闭
　　到信息灵通

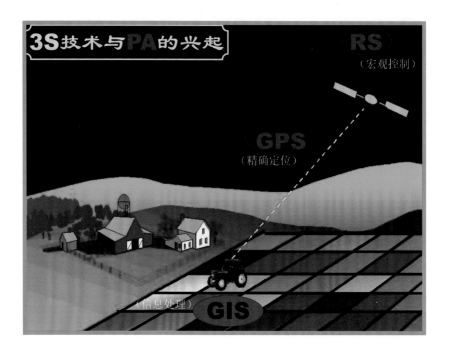

3S宏观监测技术
使农业由微观管理到宏观管理！

现代工程技术

◆ 先进制造
◆ 新型材料
◆ 精细化工
◆ 自动控制

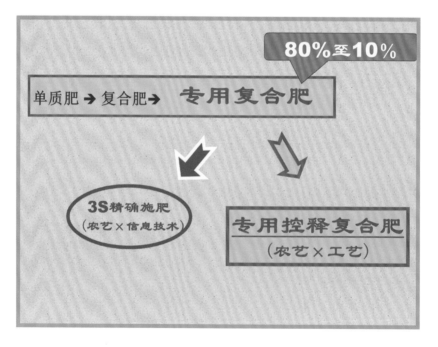

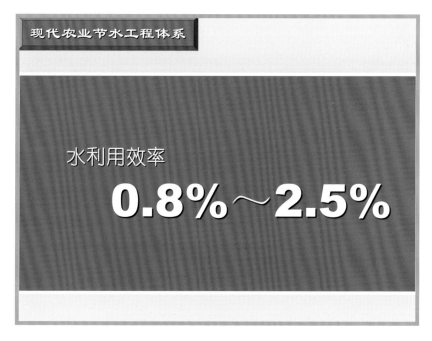

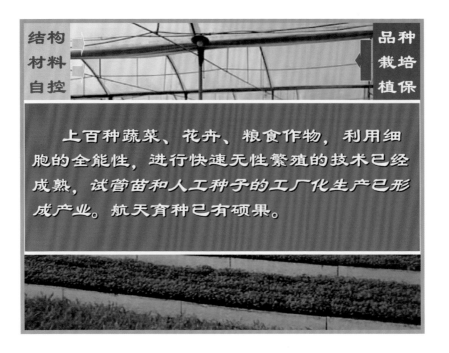

结构
材料
自控

品种
栽培
植保

上百种蔬菜、花卉、粮食作物，利用细胞的全能性，进行快速无性繁殖的技术已经成熟，试管苗和人工种子的工厂化生产已形成产业。航天育种已有硕果。

农业高技术产业

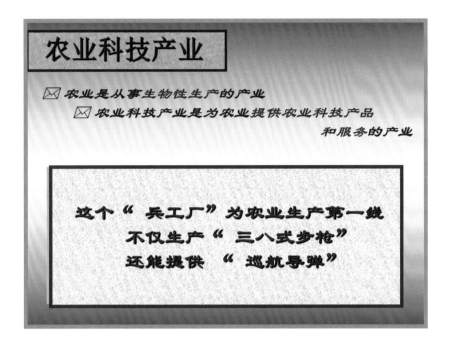

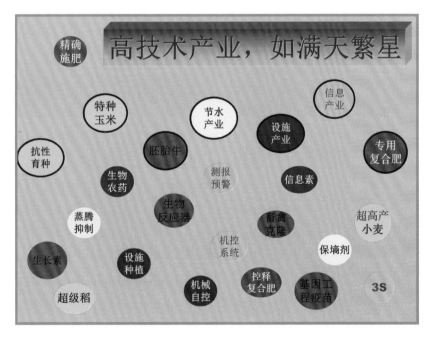

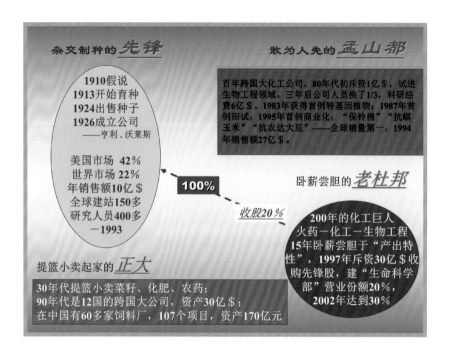

向现代农业跨越！

现代农业的特征：

◆ 有强大的科技和农业科技产业的支撑。

◆ 将由耕地向林地草地，由陆地向海洋，由初级农产品生产向食品、医药、生物化工、能源、观光休闲等拓展。

◆ 规模化、区域化、专业化和科农工贸一体化经营的现代企业。

◆ 面向两种资源、两个市场和全球化经营的商品农业。

◆ 资源节约，环境保护和可持续发展的绿色产业。

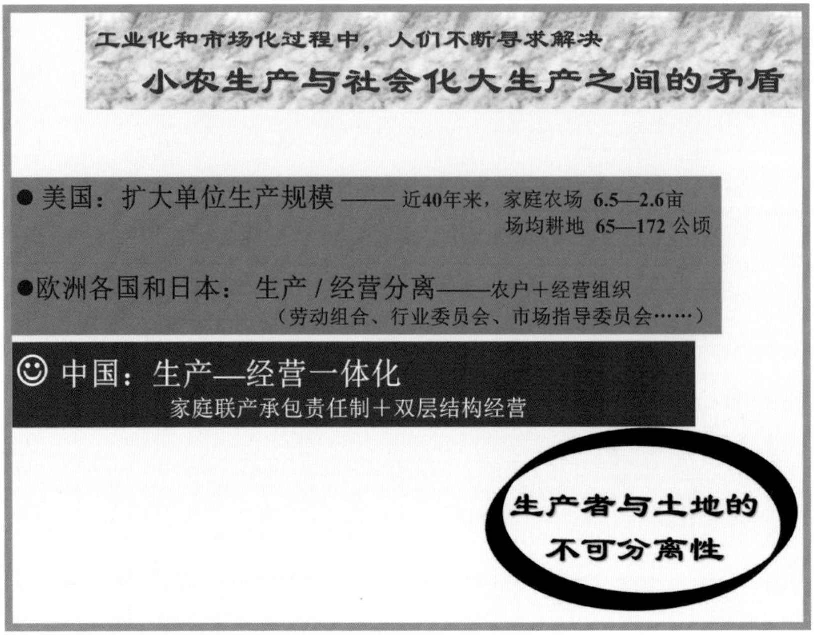

工业化和市场化过程中，人们不断寻求解决

小农生产与社会化大生产之间的矛盾

● 美国：扩大单位生产规模 —— 近40年来，家庭农场 6.5—2.6亩
场均耕地 65—172 公顷

● 欧洲各国和日本：生产／经营分离——农户＋经营组织
（劳动组合、行业委员会、市场指导委员会……）

☺ 中国：生产—经营一体化
家庭联产承包责任制＋双层结构经营

生产者与土地的
不可分离性

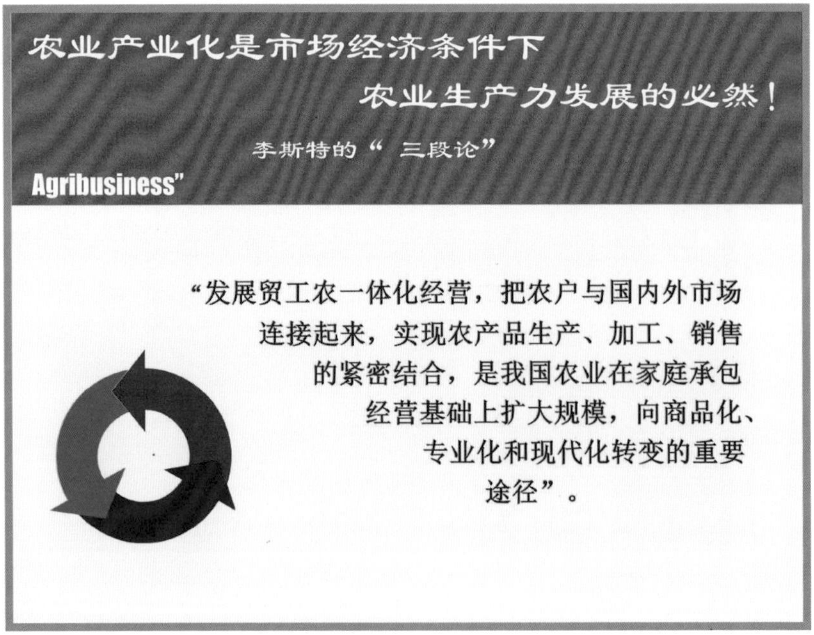

农业产业化是市场经济条件下
农业生产力发展的必然！

李斯特的" 三段论"

Agribusiness"

"发展贸工农一体化经营，把农户与国内外市场
连接起来，实现农产品生产、加工、销售
的紧密结合，是我国农业在家庭承包
经营基础上扩大规模，向商品化、
专业化和现代化转变的重要
途径"。

　　通过农产品生产、加工、销售的有机结合，把一家一户的分散生产与国内外大市场连接起来，扩大农户经营的外部规模，有利于采用先进技术和物质装备，是适合中国国情的一种规模经营形式，是在坚持农村家庭联产承包经营基础上，推进我国农业现代化的正确选择。

　　会议确定当前工作重点是积极推动各类龙头企业组织的建设，强调龙头企业要按照现代企业制度和市场规则运作。

全国农业产业化工作会议，2000年11月10日

特用玉米：

——产量等生产性状同于普通玉米

——含油量是普通玉米的两倍

——高蛋白、高赖氨酸

——收获期通体保绿，优质青饲

——淀粉结构宜于工业加工

特用玉米梯级开发链

种植－养殖－食品－生物化工

延长生产链条，
提高含技量和含金量，实现多次增值

十项技术，十倍增值

☆特种玉米培育和花粉直感效应技术
种子繁育、精选、包衣产业化技术
特种玉米青/精饲料产业化技术
牛胚胎工程技术
精制技术
低热值加甜剂技术
酶工程技术
L-乳酸发酵工程技术
生物农药生产技术
生物全降解塑料技术

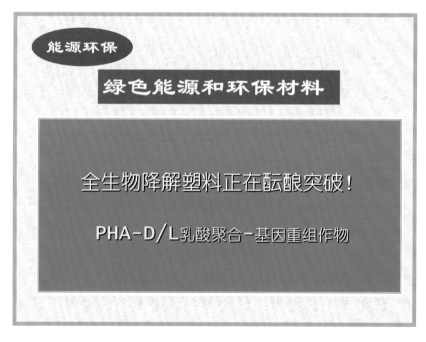

案例
1998

你打你的优势，我打我的优势！

——云南省"生物资源创新工程"

天然/保健药物、微生物、花卉/香料、无公害蔬菜
食用菌、果品、林产、特种动植物……

生物制药业方兴未艾

旅游业成为支柱产业

花卉业已占**40**%以上国内市场，
正走向东盟诸国

1999年——绿色经济论坛

利用两种资源和两个市场，迎进WTO

✳ 粮食是用紧缺的水土化肥资源换来的，附加值又低，有
什么必要用粮食到国际市场上去竞争？

✳ 延伸生产链条，引导农民将园艺、畜禽、水产、加工等
劳动密集和附加值高的产品引入国内国际市场。

✳ 关键是加快龙头企业建设和农业产业化进程，强化人才、
科技和信息投入，实现传统农业向现代农业的跨越。

历史的机遇和挑战！

2000年9月，第二届中国科协年会上，杨振宁在他的报告中提出：

"19世纪是物理科学的世纪，由于信息科学的发展，20世纪仍然是物理科学的世纪，我相信，21世纪将是生命科学的世纪"。

正像以计算机为首的电子技术改变了1/4世纪的世界经济那样，以生命科学知识为基础的生物技术，可望为21世纪的经济社会带来重大的变化和进步。

提出"生物产业立国"的新的国家目标。

ICI、Basf、Bayer、Dupont、Monsanto、Hoechest 、Ciba-Geigy的历史性战略大转移

生物工程在农业和医药领域就会像30年前的聚合物化工一样掀起一场产业革命，它是"生长点"，是"发动机"。

DuPont

CHEMICAL & ENGINEERING NEWS,1998.11.

紧锣密鼓的跨国大公司

重组
- 🔔 **1993年ICI**分离组建生命科学和化学的**Zeneca**公司创造了7亿美元产值。
- 🔔 **CGG**组建了**Novatis**生命科学公司，**6亿美元**用于农业。
- 🔔 杜邦1979年控股先锋；1998年与法合建杜邦小麦企业；1999年兼并先锋。

调向
- ☐ 德国AgrEvo的"植物保护企业"——→"植物生产企业"。

巨投
- 🔔 马拉松式的投资竞赛：杜邦——**6亿**；孟山都——**6.5亿**；**Rhodia——7亿**；**Hoechst——12亿**……

基础
- ☐ Novatis 以6亿美元建农业发现研究所，研究植物基因组，与加大伯克利分校签2 500万美元的5年协议。
- ☐ 孟山都与千年制药公司合作成立Cereon基因组公司2.18亿美元。
- ☐ AgrEvo:基因组×组合化学以高效筛选。

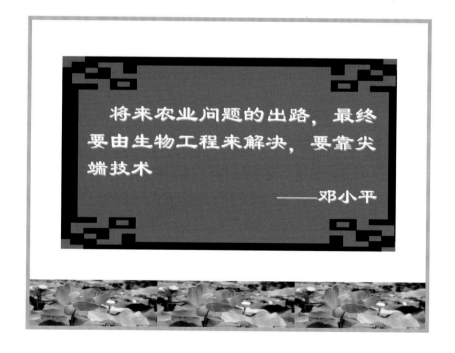

将来农业问题的出路，最终要由生物工程来解决，要靠尖端技术

——邓小平

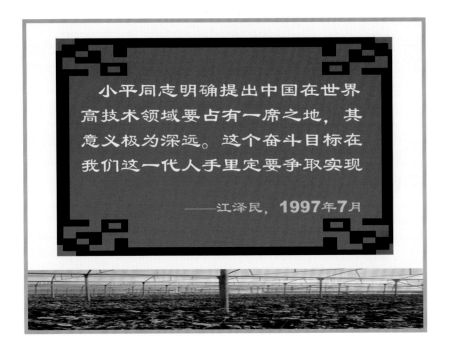

小平同志明确提出中国在世界高技术领域要占有一席之地，其意义极为深远。这个奋斗目标在我们这一代人手里定要争取实现

——江泽民，1997年7月

以生物技术和信息技术为主导的新的农业科技革命对中国农业发展提出了挑战。如果能抓住这个历史性的机遇，古老的中国农业将会出现一次新的跨越和腾飞！

迎接农业的新技术革命

石元春

技术革命推动了产业革命，带来了现代工业和现代文明，这是人们所熟知的。而技术革命对农业和农业的技术革命的影响又是怎样呢？本文将试述管见。

一、技术革命和产业革命

纺织机械和蒸汽机的发明引发了 18 世纪的产业革命。19 世纪以电力为代表的第二次技术革命为机械业的发展提供了新的动力，也开创了现代通信的新纪元。20 世纪 40 年代，从核能利用到微电子技术和生物技术，展示了绚丽多彩的现代技术革命。每一次技术革命都是在一定的社会和科学发展的背景下，一两项具有根本性和普遍带动性的重大技术的突破，引发整个技术体系的变革和产业的革命。自 18 世纪以来，以机械、电力和核能 – 微电子 – 生物技术为主导的三次技术革命，推动了产业的三次飞跃，将人类社会由农业社会推进到工业社会，创造了人类的现代物质文明。

技术革命产生了现代工业；技术的不断进步推动着工业日新月异的发展。与集中、稳定和可控性强的工业生产相比，以土地为主要生产资料、从事生物性生产的农业，其分散性、地域性、变异性强以及稳定和可控程度差的特点影响了它在技术革命中对先进技术的吸收和应用。装备内燃机的拖拉机到 20 世纪初开始出现，20 世纪 50 年代才被欧美国家广泛应用。在技术和生产力发展水平上，农业明显滞后于工业。但是农业的技术革命也有着它自己的发展道路和规律。

二、农业的第一次技术革命

民以食为天，农业是最古老的产业。它伴随人类社会度过了几千年自耕自食的自然经济时期，直到 20 世纪中叶才发生突破性的变化和进展。从 20 世纪初到 1950 年的半个世纪里，世界粮食单产由每公顷 930 公斤提高到 1 000 公斤，年均增长仅 1.4 公斤，总量的增加主要靠耕地面积的扩大，也就是说，20 世纪上半叶的农业仍处于低生产率、低科技水平和低发展速度的资源农业时期。1950—1980 年，农业取得了突飞猛进的发展，世界粮食单产由每公顷 1 000 公斤提高到 2 300 公斤，年均增长约 43 公斤，是前 50 年的约 31 倍。玻维里斯在总结这段农业高速发展时提出科技的贡献率是 73％，主要技术是良种、化肥、农药和灌溉。

这不得不引起我们对近代农业科学和技术发展的回顾和反思。

19 世纪中叶，达尔文的杂种优势理论以及以后的孟德尔和摩尔根遗传学理论，奠定了现代育种技术的理论基础和推动了种子产业的发展。另一个农业科学上的重大突破是在 19 世纪中叶，德国化学家李比希的植物矿质营养学说创立了现代农业化学，开创了化肥工业和现代施肥技术。19 世纪中叶，合成化学的发展推动了有机合成的农药工业和现代植保技术。19 世纪中叶开始的农业科学上的这些重要突破经过近一个世纪的孕育，产生了以现代育种技术和农业化学技术为主导的农业技术革命，使沉睡千年的古老农业焕发勃勃生机。

马克思将达尔文学说作为 19 世纪的三大发现之一；将李比希的新农业化学说成"比所有经济学家加起来还重要"；把科学看成是"历史的有力杠杆"和"最高意义上的革命力量"；邓小平提出了"科技是第一生产力"，一个多世纪以来的农业和农业科技发展的历史证明了这个真理。

三、农业的新技术革命

令人振奋的是，21 世纪中叶农业高速发展的同时，科学技术又出现了新的重大突破，孕育着一场新的农业技术革命。

1953 年，沃森和克里克发现了遗传物质脱氧核糖核酸的双螺旋结构和之后的伯耶的基因重组成功，开创了分子生物学和生物技术的新纪元。生物技术突破了物种的界限，使常规育种技术难以解决和不敢想象的新品种培育成了可能，育种时间大大缩短，育种目标的准确性大大提高。生物技术对生物农药、动物疫苗、动植物生长调节物、生物肥料、生物反应器以及农业微生物发酵工程和酶工程等广泛领域都将产生广泛而深刻的影响。

20 世纪 50 年代产生、20 世纪 80 年代大发展的计算机和信息技术日益广泛和深刻地影响和改造着各个传统产业。它也将使从事生物性生产的农业的分散性、地域性、变异性、经验性强和可控程度差等影响自身发展的先天性弱势得到全面的改善。农业的信息化将成为现代农业的重要标志。此外，先进制造和化工、新型材料和自控等现代技术也在加速对农业的武装和促进农业现代化的进程，使农业新技术革命浪潮更加丰富多彩。

以现代育种和农业化学技术为代表的第一次农业技术革命孕育了一个世纪，带来了 20 世纪中叶农业的高速发展。而近三四十年的科技发展，特别是具有根本性和普遍带动性意义的生物技术和信息技术的突破性进展，拉开了新的农业技术革命的序幕。在以微电子和信息技术、空间技术、生物技术等为代表的全球性现代技术革命浪潮中，农业终于赶上了时代的步伐，并将在生物技术领域中扮演着主力军的角色。

四、农业的新技术革命和新的农业技术体系

在农业新技术革命浪潮的推动下，传统的农业技术和技术体系正在快速地更新和发展，新的农业技术体系将逐渐形成。

农业是从事生物性生产的产业，主要的原材料是生物体本身，因而育种始终占有重要位置。杂交优势理论和遗传理论开创了现代育种技术，但只能用小麦改良小麦，猪改良猪，也就是只能利用十分有限的种内杂交优势。生物技术的伟大之处在于突破了动物、植物和微生物之间的物种界限，极大地扩展了对物种间杂交优势利用的范围。细胞和胚胎工程育种、分子标记技术、转基因技术等已趋成熟，并得到应用。季产吨粮的"超级稻"和日增重1公斤的"超级猪"预计21世纪初能够实现。提高作物抗逆能力的基因工程育种已取得重要进展，抗虫棉、抗花叶病烟草、抗黄矮病小麦、抗旱耐盐水稻、耐贮藏番茄等已进入生产，全世界进入田间试验的转基因植物近千种。家畜胚胎工程育种的超数排卵、体外受精、胚胎分割、性别控制和核移植已实现商业化；活体提取卵母细胞技术也趋于成熟；转基因牛猪羊兔等已较普遍。生物技术为农业通向制药和精细化工领域开辟了新径，如通过复杂的基因操作，利用动物乳房生产医用和农用贵重蛋白质的生物反应器技术以及当今世界关注的动物克隆技术等也都取得了成功。当前，生物技术虽尚处发展初期，但是它为人类进行生物遗传改良和育种开拓了广阔天地，带来了新的希望和巨大潜能。

农/兽药和动植物生长调节物等农业生物制剂也在生物技术的推动下进入一个崭新阶段。20世纪40年代以前主要是天然物和无机化合物农药，以后进入有机合成时代。随着人们环保意识的增强，生物农药应尽快替代有机农药。在1992年的里约会议上，提出到2000年，将现在占农药施用总量不到5%的生物农药增加到60%。生物农药安全无残留，不污染环境。发展不起来的原因是药效缓慢、持效期短和自身抗逆性差。利用微生物重组的基因工程技术构建的工程菌可以有效地克服这些弱点。用于畜禽水产的弱毒苗和灭活苗的许多难以克服的弱点，也因基因工程苗的出现而将完全改观。植物生长调节物也将由化学制剂向生物制剂方向发展；猪和牛的生长激素 rpGH 和 bST 等基因工程和发酵工程产品也应运而生，前景十分广阔。

肥料是作物的"粮食"，化肥和平衡施肥技术的出现是第一次农业技术革命的产物和重要标志。化肥经历了单质—复合—高浓/长效的发展阶段。随着化肥的不当和过量使用，环境污染和果蔬品质下降，提高化肥利用效率和减少污染已成为当今重大课题。在现代生物学和生物技术推动下，一方面是向着作物营养基因型的遗传改良、根际微生态和生物固氮的方向发展，以提高作物的营养效率。另一方面是在现代生产工艺的推动下，化肥趋于专用化和控释化，以提高利用效率。同时，在信息和航天技术推动下，遥感技术、地理信息系统技术和全球定位系统技术（3S 技术）进行精确施肥也已开始取得成效。农业新技术革命推动着施肥技术的革命。

全球性农业资源紧缺和动植物生长环境可控程度低一直制约着农业的发展。近年来，在现代科技推动下的设施农业发展很快。它是通过现代技术的集成，以最小资源投入，在可控条件下，以半自动或自动化的工厂化方式进行动植物生产的高效集约型农业。它涵盖结构材料、环境控制、操作机具、自动控制、专用品种和栽培管理等多种系统，是现代农艺与工艺的结合。其生产效率可比大田高5 倍，甚至 10 倍。

与工业相比，从事生物性生产的农业存在着高度分散、生产规模小、时空变异大、量化规范化程度差而经验性强以及稳定性和可控程度低等先天性弱点。计算机和信息技术的出现将大大改善农业的这种弱势。农业专家系统将促进农业技术的量化、规范和集成；智能化多媒体软件将大大提高农业科技推广、生产经营和管理、教育和培训的效率；遥感技术、地理信息系统技术和全球定位系统技术（3S 技术）将对农业资源环境、自然灾害、生产状况和经济活动进行有效的动态监测预报和科学管理与决策；数据库、网络技术和广泛的信息服务将大大克服农业地域分散的不利地位而及时获信息资源。计算机和信息技术将使传统农业和农业技术得到全面而深刻的改造和提高。没有农业的信息化就没有农业的现代化。

以生物技术和信息技术为主体的新的农业技术革命渗透到传统农业和农业技术的各个方面，产生着深远的影响，冲击着人们的思想观念和知识领域。它也将注入强大和新的活力，在更高的层位和水平上建立新的农业技术体系。

五、农业的新技术革命和新的农业产业体系

技术革命引发产业革命，农业的新技术革命也必将引发一场新的农业革命，形成新的农业产业体系。它有如下一些特征。

①建立新的和强大的技术支撑体系。

生物体的遗传改良和生长发育过程的调控能力将上升到一个新的水平。高产优质、抗逆性强的新品种和生长调节物将越来越快和越来越多地涌现，形成新的强大的生产力。

生物体的生长环境和条件的调控能力明显增强，灌溉施肥、耕作栽培、植保防疫的技术水平和资源利用效率将上升到一个新高度。特别是施肥技术、生物农药、节水灌溉和设施农业将有一个大的发展。

计算机和信息技术将全面改善农业高度分散、时空变异大、量化和规范化程度差、稳定性和可控程度低的行业弱势，显著推进农业技术的量化集成和转化推广，也将大大减轻自然灾害和市场风险损失，提高生产和经营管理水平，农业生

产的稳定性也将明显增加。

②技术的突破将带来生产领域的拓展。食物、蛋白质和纤维的生产将由动植物扩展到微生物，由陆地延伸向海洋。农业也将由初级产品生产拓展到食品、制药、生物化工、能源等领域。

③技术驱动下的土地生产率和劳动生产率极大提高，产品农业逐渐向商品农业转化。在市场竞争中，农业的生产组织将向着规模化、企业化、专业化和区域化方向发展，逐渐形成多样化的农工贸一体化经济体系。农业与工业和商业的界限趋于模糊，农业不再是弱质和低效益产业。

④生物技术等各种高技术为人类带来了新的生产力和机会，处理不当也会给人类的生存环境带来新的不安全因素。可持续发展将成为新的农业技术和产业体系的重要组成部分。农业生物基因工程的安全管理、水体富营养化治理、农药和农膜污染、水土资源、生物种质和基因资源、大气臭氧层的保护和酸雨防治、推进环保性生物性农药和施肥技术以及无公害食物生产等将成为新农业产业体系的重要内容和环节。

⑤新的农业产业体系将走向集约化、规模化、专业化和企业化；新的农业技术体系越来越趋于规范、集成以及物化产品增加和经验性传授减少。传统的农业技术推广方式和体系的作用将减弱，而农业科技产业，特别是农业高科技产业不仅具有很强的开发研究实力，而且由于资金、技术、机制的优势和很强的营销能力，它将成为科技成果向生产者转移的主力。

六、农业的新技术革命和我国农业的跨越发展

我国是个农业技术和生产水平还比较落后的农业大国，农业就业人口占全国总人口的56％，而发达国家的农业就业人口不到5％；粮食单产相当于发达国家的50％，劳均产粮、肉相当于1/50～1/100，氮肥利用效率低15～20个百分点；科技成果的转化率和贡献率都不到40％，发达国家科技成果的转化率和贡献率在70％以上。此外，人均占有资源量低、生产规模小而分散、生产设施陈旧落后、劳动者和基层管理者素质不高、资金不足等诸多问题都困扰着我国农业的发展。在农业新技术革命和经济／技术全球化趋势日盛的今天，也有可能根据现有的新思路、新技术，迎"头"赶上。大距离落后，反而可能实现超发展阶段的跨越，这样事例是屡见不鲜的。

在向社会主义市场经济体制转化和农业新技术革命的大形势下，我国实现农业跨越发展的可能性是：在家庭联产承包责任制和双层结构经营基础上，发展农业产业化和大力发展农业科技产业将有效地克服生产规模小而分散的弱点、提高市场竞争能力和自我积累发展能力以及科技成果的转化效率。生物技术和信息技术等现代技术将实现对农业紧缺资源的替代和传统农业的改造，将我国农业提高

到一个新的水平。在可能性向现实性转化中，以下几点是很重要的。

①大力推进适合我国国情、区情的、多种形式的农业产业化的进程，这是实现跨越发展的基本前提和保障。

②大力推进农业科技产业的发展，它是转化现代科技成果的主力军，是实现跨越发展的强大推动力。

③大力推进生物技术、信息技术等现代高技术与常规技术相结合，在一批意义重大的技术上取得突破性进展，这是跨越发展的技术"源头"。

④改造现有农业教育体系，使之适应新的技术和产业形势。特别是培养大批农业科技企业的经营管理人员和对广大县乡农业管理人员的职业培训。人是决定性因素。

⑤把握农业新技术革命的形势和时代机遇，争取对跨越发展的认识要能得到领导特别是中央领导的认同、重视、支持和政策资金保证，这是问题的核心和关键。

全球性的农业新技术革命为我们提供了难逢的时代机遇，如果我们思路对头，办法得力，我国农业是可能实现跨越发展的。

（全文发表在 1997 年 05 月 02 日的《中国科学报》）

二维码 7　　　　二维码 8　　　　二维码 9

4 农业科技问题研究（汇报）
（2004 年 06 月 15 日，北京中南海）

【背景】

"国家中长期科学和技术发展规划"是 2003 年 03 月温家宝任总理的新一届政府成立后力抓的一件大事。温总理说："1956 年周恩来总理亲自主持制定的《1956—1967 年科学技术发展远景规划》为新中国的经济和社会发展奠定了非常好的科学技术基础。希望我们制定新世纪的这个规划也能为全面建设小康社会，加速实现现代化奠定一个好的科学技术基础。"

总理亲任领导小组组长，国务委员陈至立任副组长，成员由 23 位有关部委的领导组成，办公室主任是科技部部长徐冠华。领导小组下设总体战略顾问组，由王选、王大中、王大珩、石元春等 21 人组成，召集人是周光召、宋健和朱光亚，全程一年有余。本书作者任农业科技组组长，以下是向温总理与领导小组总结汇报用的 PPT。

国家中长期科学和技术发展规划战略研究

农业科技问题研究
（汇 报）

04专题组，2004年6月15日

本汇报是在对世界和中国农业形势分析的基础上，围绕未来15年中国农业发展中的四大主题提出相应的科技战略与解决方案。

世界农业形势分析
的结论性认识之一：

　　20世纪的世界农业为支撑世界人口由16亿吨增长到60亿吨以及世界经济和社会的高速发展做出了重大贡献。

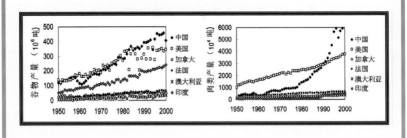

世界农业形势分析
的结论性认识之二：

　　根据现况和预测，未来20年，世界农业形势不容乐观，粮食将需大于产，国际粮食交易量难有增加，中国的粮食问题主要还得靠自己解决。

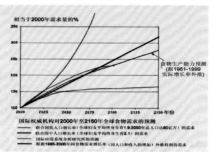

- 谷物增长率趋缓
- 连续4年需大于产
- 库存降到30年来的最低
- 过去8年联合国未完成减少8亿世界饥饿人口的任务

世界农业形势分析
的结论性认识之三：

　　可持续发展的时代理念和以生物技术与信息技术为主导的新的农业科技革命将引领着21世纪世界农业的发展。

中国农业形势分析
的结论性认识之一：

近**50**年，中国人口由**5.4**亿增至**13**亿，而人均
粮食和肉类占有量没有减少，反而分别增加了**2**
倍和**12**倍；小麦、稻谷、肉类、水产的总产值
居世界首位，以世界**9**％的耕地供养了**21**％的人
口，中国农业是世界农业发展中的佼佼者。

近50年农业总产值
增加了53倍。21世
纪初，形成了农、
林、牧、渔分别占
农业总产值的55%、
4%、30%和11%的
格局。近20年，牧
和渔呈高速增长。

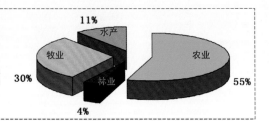

中国农业形势分析
的结论性认识之二：

近**50**年，中国农业走上了一条高投入、
高产出、高速度和高资源/环境代价的道路。
发展中一直受生态恶化、基础脆弱、后劲不
足的困扰。

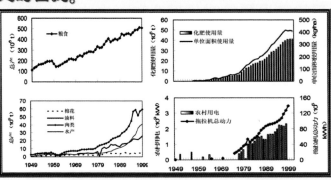

中国农业形势分析
的结论性认识之三：

　　未来我国农业发展中的主要
　　制约因素是：

资源严重不足，生态债台高筑，

农民收入低，素质和组织化程度低，

科技对生产的支撑力度不足。

中国农业形势分析
的结论性认识之四：

　　根据对世界和中国农业形势的分析
　　未来我国农业发展的战略选择是：

依靠科技，走可持续的集约化现代

农业之路，保障食物安全与农民增收。

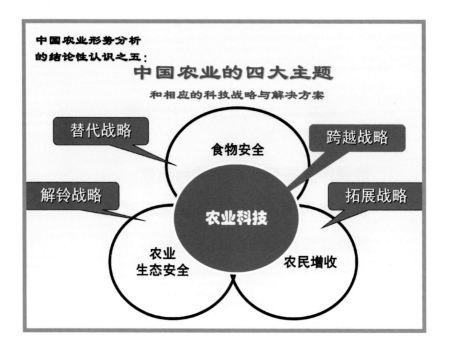

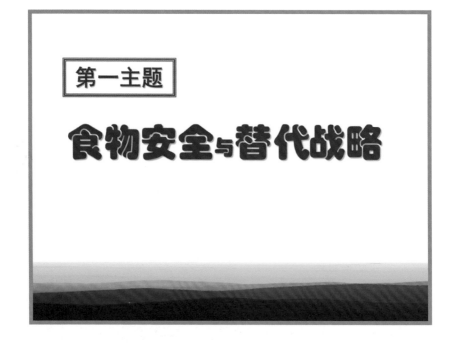

粮食安全是食物安全的基础

我国粮食总产由1亿吨提高到3亿吨用了29年，由3亿吨提高到5亿吨用了20年。以后，我们要用17年时间，在高基数上，总产由5亿吨增加到6.2亿吨，单产年均增长率由近十年的0.9%提高到2.6%；肉类人均消费量由24公斤增加到44公斤，年均增长率要达到3.6%。

这是一项十分艰巨的任务

令人不安的因素还在于：

到2020年，一面要求粮肉高速增长，另一面是农业用水无增（<4 000亿米³），耕地面积净减10%和人均耕地面积由1.5亩减少到1.2亩。按水土资源的现生产力水平测算，实现2020年的粮食增产任务，水的缺口约1 200亿米³，耕地缺口约3.5亿亩。

这是一场目标与条件十分悬殊的硬仗

在中长期尺度上，为保障粮食安全而要求总产和单产有大幅度增长，除政策因素外，起实质作用的是提高粮食单产水平和综合生产能力，其主要制约因素是水土资源的严重短缺和科技支撑力度不足。

替代

诺贝尔经济学奖得主西奥多·W.舒尔茨的"人力资本理论"提出：

发展中国家往往过高地估计了自然资源对经济发展的约束，过低地估计了科技、教育和人口质量的作用。

替代

我们提出了：

"紧缺资源替代" 概念

即通过科技和人力资本的集约化投入，提高资源生产率或以非常规性水土资源对常规性水土资源进行替代，以突破紧缺自然资源的约束。

水是不可替代的，但灌溉用水是可以替代的

多途径替代节水的技术解决方案(2020)

提高灌溉水利用率（灌溉节水）　　　　450亿～500亿米³

提高作物自身水利用率（生物性节水）　500亿～600亿米³

提高自然降水利用率（非灌区农艺节水）350亿～450亿米³

非常规水利用（低质水利用）　　　　　80亿～120亿米³

1380亿～1670亿米³

生物节水和农艺节水潜力很大，且不需大的工程设施投入，农民易于掌握和接受。此外，利用作物在需水量和季节上的差异，通过调整作物区域进行布局的替代节水潜力也很大。

土地是不可替代的，但粮田是可以替代的

- 提高耕地基础肥力（改造中低产田）。　　　　**0.4** 亿吨粮食增产能力
- 落实综合农业增产技术和扩展均衡增产。　　　**0.5**
- 非耕地资源对耕地的替代。　　　　　　　　　**1.2**
  - ◆ 草地畜牧业(6亿亩南方天然草地改良)。　**0.7**
  - ◆ 4 000万亩水域。　　　　　　　　　　**0.3**
  - ◆ 木本粮食。　　　　　　　　　　　　　**0.2**
- 提高畜禽个体生产率有 **60%～70%** 的饲料替代潜力。

土地是不可替代的，但粮田是可以替代的

鉴于未来6.2亿吨粮食总产中约55%将用于饲料，建立"大粮食"与"大粮田"概念，发展耕地替代技术和草地畜牧业具有重要意义。

以资源增效替代概念与技术

"寓粮于田"
"寓粮于技"

科技部等四部委组织实施"粮食丰产科技工程"（2004－2010），在11个粮食主产省，主攻水稻、小麦、玉米三大作物，突出五大关键技术，在1 000万亩技术示范区，1.2亿亩技术辐射区，预计前三年将新增粮食生产能力1 570万吨，农民增收160亿元。

粮食安全保障任务十分艰巨，
但只要战略对路，工作到位，
特别是科技到位，
目标是可以实现的。

技术解决方案

替代

1.超级种培育（生物技术与常规育种技术的结合）

超级抗旱品种培育：为 600亿米^{3}以上的农用水替代做出贡献，
解决2020年农用水缺口的一半
超级优质高产品种培育：超级稻，年新增0.4亿吨的生产能力
超级玉米，年新增0.4亿吨的生产能力

2.草地畜牧业及粮田替代技术

以"大粮田"概念，以饲料粮为主要对象，发展粮田替代技术

3.大面积单产均衡增长技术

我国粮食生产与发达国家的差距，不在于单项技术，而在于均衡高产

第二主题

农业生态安全与
"解铃"战略

生态恶化之于农业，如影随形

——20世纪80年代以前的发达国家如此，发展中国家和我国至今仍是如此。如果不在认识和战略上有个根本的转变，这个阴影仍将笼罩着我国未来农业的发展。

- 过度垦殖和放牧，导致3 700万公顷土地沙化、1亿公顷草地退化，水土流失面积达2 500万公顷
- 地力衰退，土壤污染，地下水超采
- 农业的面源污染加重，70%以上的河流、39%的湖泊和东南沿海水体富营养化
- 生物多样性减退，外来生物入侵堪忧

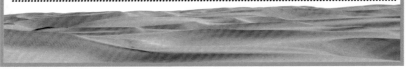

解铃

几十年来，治理工程不少，但总的结论是：

"治理赶不上破坏"

"局部改善，整体恶化"

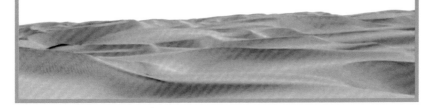

走出误区

解铃

自然过程与人为过程混淆不清：

没有沙尘暴就没有黄土高原，没有自然的水土流失就没有华北大平原；在我国165万千米^{2}的沙漠化面积中，77%是自然过程形成的，23%是人为形成的，只有后者才是我们重点关注的对象。

种树与种草（灌）争论不休：

干旱半干旱地区只适合草灌生长，我们却要在没有水分保障的条件下种树；沙的主要运移方式是风力作用下的空中搬运，我们不能只靠林带防沙，万里长城是防不了飞机的。

走出误区

解铃

人力与自然力孰轻孰重：

我们实施了一些人工治理工程，可以做到"局部改善"，但是在广阔的干旱半干旱地区，也就是在"整体"上却几乎完全忽视了生态系统的自我修复功能，事倍功半，甚至劳而无功。

在羊群罕至的地方，黑沙蒿群系长得多么茂密 (摄自甘肃景泰)

走出误区

解铃

宁夏盐池县**1.8**万亩
封育飞播的植被恢复情况

走出误区

解铃

在年降水量不到200毫米的包兰线甘肃甘塘段，
围栏封育5年，仅依靠自然生态系统的自我修
复能力，植被覆盖度达50%以上。

生态系统的自我修复功能，
是自然界对人类不计前嫌的格外开恩

走出误区

最大的误区还在于本末倒置，标本错位！

谁都会认为人为沙化与水土流失的主要原因是滥垦、滥牧、滥樵、广种薄收和粗放经营的落后生产方式。可是，我们却没有把力量放在这个源头上治本，而在末端上治标。

> 古人云："故以汤止沸，沸乃不止，诚知其本，则去火而已矣！"

"解铃"战略

> 解铃还需系铃人，是农业惹的祸，就需要农业去收场，即用先进的农业生产方式去替代落后的农业生产方式。

西部生态脆弱区：从加快现代农牧业建设入手，与滥垦、滥牧、滥樵的粗放经营的源头治理相结合；改羊的放养为舍饲及大范围地定期实施封育，发挥生态系统的自我修复功能，让受损生态休养生息。

东部农业发达区：开展常规农业技术的效率革命，减少农药、化肥和农业废弃物对环境和食物的污染。

解铃

"解铃战略"是在"诚知其本"的基础上，在源头上将发展生产与修复生态结合起来，收生态与增产增收共建双赢之效。

这也是当今世界发展的共同趋势，如国际农业界1997年提出的"双重绿色革命"（Double-green Revolution）；2000年提出的"常绿革命"（Evergreen Revolution）。

解铃

技术解决方案

1.生态与增产增收共建双赢工程技术（生态脆弱区）

高效化农业常规技术；人工草地与草地畜牧业技术；农区养殖业与羊舍饲技术；特色农业专项技术；农产品加工增值技术；非农田的受损生态区的恢复及自我修复功能开发技术；不同尺度的生态农业模式与技术。

这组技术将使我国39万千米^{2}由人为因素导致的沙化和179万千米^{2}的水土流失土地的生态状况得到"整体"改善。

建议创建一个生态与增产增收共建双赢试验示范省（区）

2.高效低耗和环境友好农业技术（发达农区）

　　　　环境友好农药和智能化肥料技术、集约化农业的面
源污染防治技术、保护性耕作技术、农林废弃物资
源化技术等将全面改善发达农区的环境状况 。

3.绿色生产环境和过程与食品安全

　　　　监测标准及体系建设、环境污染物 PCB、POP_S
等在食品中残留的防治、受污染土壤的治理技术。

第三主题

农业发展农民增收与
领域拓展战略

19世纪末德国经济学家李斯特提出农业发展的三阶段论；20世纪30年代苏联卡西亚诺夫提出农业的纵向一体化；20世纪50年代美国戴维斯提出农业企业化（Agribusiness），农业有它自身的发展规律。

◆20世纪40年代美国为给剩余农产品寻找出路，成功地开发了大豆油墨、大豆柴油、变性淀粉；
◆20世纪70年代全球能源危机中开发了玉米燃料乙醇；
◆20世纪80年代以玉米对对象，开发出上千种加工产品；
◆21世纪初生物质能源和材料将大放异彩。

美国只有2%的就业人口从事初级农产品生产，但18%的就业人口从事农业的产前/产后生产。

中国农业由初级农产品生产向食品和农产品加工领域拓展，实行贸工农一体化和产业化经营，为农业发展和农民增收开辟了一片广阔的天地。

中国稻谷总产量为世界第一，大米精加工率仅为12%；

肉类总产量占世界总产量的1/4，加工能力仅为4%；

水果总产量居世界首位，加工能力仅为7%；

苹果总产量为世界第一，但加工率只有4.6%（世界平均为22%，德国为75%）。

以农业总产值为**1**作为衡量标准，目前我国农产品加工产值仅为**0.4**，发达国家是**2~4**，我们的成长和增收空间是很大的。

中国的发展程度和潜力（农业产值为1的产值比）				
	美国	日本	英国	中国
农产品加工业	2.7	2.4	3.7	0.4
食品工业	1.8	2.4	3.0	0.3

战略目标

农产品加工率：70%；与农业总产值的比例为2.2：1；科技进步率：54%；科技转化率：60%。

战略思路

在促进面上发展的同时，战略重点是开发资源节约、环境友好、优质安全和有利于农民增收的新兴技术。

关键科技

- 以玉米为重点的粮食加工技术，增粮与增收结合。
- 以水果、蔬菜和肉类为重点的精加工技术，发展外向型经济。
- 推进生物技术在食品和农产品加工中的应用。
- 发展功能食品、绿色食品和休闲食品技术。
- 适合于农村和中小城镇发展农产品加工的技术。
- 引进、消化和吸收现代先进技术。

一个重要动向：
生物质经济已经浮出水面

化石能源渐趋枯竭，在寻求替代、可持续发展、保护环境和发展循环经济的追求中，世界开始将目光聚焦到了可再生能源，特别是以丰富和可再生的生物质为原料，生产更加安全、环保和高性价比的能源、材料和其他化工产品。能源的多元化、可持续新能源开发已成为世界性大趋势。

欧洲较早地关注了生物质能源，1988年开始，欧共体投入12亿美元用于此专项研究，陆续取得重大成果。

"未来20年内，将逐渐关闭所有的核电站，取而代之的是可再生能源，而可再生能源家族中，现实可行的是生物质能源。"

2000年，美国通过了《生物质研发法案》，成立了咨询委员会；2002年，美国能源部和农业部提交了《生物质技术路线图》的报告，提出了一个2020年的雄心勃勃的目标：

◆生物燃油取代全国燃油消费量的10%。
◆取代全国石化原料制成材料的25%。
◆减少相当于7000万辆汽车的碳排放量（1亿吨）。
◆为农民增收200亿美元／年。

> "这份报告预示了一个充满活力的新行业将在美国出现，它将提高我们的能源安全、环境质量和农村经济，它将生产我们国家相当大一部分的电力、燃料和化学品。"

重要动向

☺农林废弃物的资源化。
☺利用低质地种植能源/材料植物。
☺小型、分散和统分结合的模式，
　与发展农村经济相结合。

主产品是：燃料酒精、生物柴油、发电、沼气我国生物质资源十分丰富，2000年的农业废弃物可开发量为7亿吨标煤，城市有机垃圾1.3亿吨标煤。

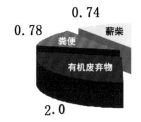

0.74

0.78

薪柴

粪便

有机废弃物

2.0

秸秆

3.5

（6.1万吨，转化率不到20%）

亚热带和热带低山丘陵是一座宝藏，可用于种植能源作物/林的低质土地15亿亩（国家统计局），按20%利用率计算，每年可产生10亿吨生物质，相当于5亿吨标煤。

三原则：

● 不争粮，少争地，以农林废弃物和低质地种植能源/材料植物为主。

● 以人为本，改变农村 2.7 亿吨（标煤）直燃式、烟熏火燎的能源消费，将能效由10%提高到30%。

● 与农业结构调整和发展农产品加工相结合，发展商品能源和材料，开拓经营门路，增加农民收入，提供就业岗位，推动小城镇建设，舒缓能源紧张。

内容与目标：

建设"现代农林生物质能一体化系统"，以新型沼气工程、燃料乙醇、生物柴油、生物塑料为主要内容，通过示范、推广和商业化三阶段运作，可望实现2020年的**6 000**万吨燃油和**360**亿千瓦时电力的目标。

	2005—2010 (示范)	2010—2015 (推广)	2015—2020 (产业化)
能源作物/林 (万亩)	25	300	1000
一体化示范工程	3座	10～15座	100～150座
燃料乙醇(万吨)	10～20	20～25	20
生物柴油(万吨)	2～5	5～10	20
生物塑料(万吨)	2～5	5～10	20
总产(万吨)		300～675	6 000～9 000
新型沼气示范工程	3座	1万座	12万座
发电能力			360亿千瓦时

8 项关键技术

- 高效纤维－淀粉生产燃料酒精。
- 植物纤维裂解／气化／液化。
- 多生物质源的生物柴油（合成）生产。
- 自催化生物质制氢。
- 生物质固体燃料。
- 沼气技术升级和规模化工业化生产。
- 淀粉基热塑性全降解生物塑料生产。
- 专用能源植物选育与栽培。

开发生物质能源/材料对发展农村经济、推进农业工业化、农村富余劳动力转移以及小城镇建设具有重要而现实的意义，也有利于能源的多元化、保护环境、减缓能源紧张和促进可持续，技术上也不存在障碍。不能用单一能源观，而要从全局战略和前瞻性眼光看待发展生物质能源/材料。

既是能源，胜似能源

第四主题

农业科技发展与跨越战略

强劲的外在需求、新的农业科技革命的内力驱动
以及较好的工作基础是我国农业科技发展的有利
条件。存在的问题是科技转化能力弱、生产贡献
率及科技投入低、体制不顺，总体水平比发达国
家晚了大约15年。

今后的15年，采取扬长克短、跨越式发展
战略，缩短与发达国家间的差距，在整体
水平上达到当时的世界先进水平。

跨 越 战 略

以生物技术和信息技术为引擎，
推动农业常规技术的效率革命和全
面升级，加强技术转化和基础科学
研究，掀起一次新的农业科技革命
高潮。

生物技术是推动农业科技发展的强大动力

DNA双螺旋结构的发现和DNA重组的成功是继进化论和细胞学说后，使人类对生命现象的认识由宏观和细胞水平深入到分子水平，并可运用生物技术改良生物体的遗传性，乃至创造新的物种。

农业生物技术涉及育种、种植和养殖、施肥和灌溉、植保和防疫以及众多新领域的开拓，它不是某种一般性高技术，而是农业科技的源头性和战略性的高技术。

1996—2002年，全球转基因作物种植面积增长了40倍，达到5 870万公顷；全球 1/4 的大豆、玉米、棉花和油菜，美国2/3 的大豆和棉花，1/3 的玉米种的是转基因作物。

抗虫棉可减少用药70%～80%，降低防治成本60%～80%。近6年少用了农药12万吨，减少棉农开支84亿元，播种面积占全国植棉面积的1/2。

遗传改良猪的日增重和饲料报酬可达到我国现有水平的1倍。

胚胎工程技术和克隆技术已趋成熟和商业化，全球每年生产100多万枚胚胎，中国只占0.1%。

微生物基因重组技术的出现，正在掀起农用生物制剂产业的一场革命。新一代生物农药、动物疫苗、生物肥料、动植物生长调节剂等将如雨后春笋般出现。

美国遗传学会预测，到2020年，以作物和畜禽为载体的生物反应器技术生产的医用基因工程药物在美国将占到90%以上。

生物技术正在掀起农业科技领域的一次新的革命浪潮

现状与动向

◆转基因作物开始走向大规模推广和应用。

◆动植物分子育种技术日臻成熟。

◆基因组学研究已由"结构基因组"进展到"功能基因组"。

◆转基因动物、体细胞克隆和生物反应器技术进展迅速。

◆农业微生物基因工程正孕育新的突破。

◆ 全球性基因资源争夺趋于白热化。

关于转基因作物

20世纪末发生的转基因作物风波和美欧对垒，主要不是科学问题，而是贸易利益、文化背景和对GMO的不同全球观。至今没有发现转基因作物在安全性上存在问题的科学根据，在严格监管下的食物和生态安全是可以得到控制的。美国超市有上千种与转基因有关的食品，它们就不考虑安全性问题吗？现在欧盟态度已经发生明显转变。

至于对非实质性问题的不同看法，总是会有的，就像对核能，至今还有许多不同看法。

我国地域辽阔，自然条件复杂，科技水平还不高，保障粮食安全和提高农产品供应水平的任务很重，充分利用农业生物技术的优势，对我们非常重要，且技术上我国与发达国家的差距并不大。

我们切勿错失历史良机，应以更加主动积极的态度和政策，推进我国农业生物技术事业的发展，造福"三农"。

我国在转基因风波低潮时期出台的有关政策法规，需要及时进行修订，并制定和尽快出台能够主动促进农业生物技术发展的新的政策法规。

农业生物技术的战略重点

- 超级抗旱、高产优质和专用农作物品种培育。
- 畜禽遗传改良（基因工程、胚胎工程与体细胞克隆）。
- 以动物疫苗和生物农药为主的农用生物制剂。
- 生物反应器技术生产医药等高端产品。
- 主要农用动植物功能基因组。
- 农业生物工程企业。

七大关键技术：
- 重要经济性状相关基因分离与功能鉴定技术。
- 高效、大规模和安全基因转移技术。
- 代谢过程技术。
- 生物反应器技术。
- 动物体细胞克隆技术。
- 生物信息技术。
- 转基因生物检测及环境食品安全性评价技术。

信息技术正在全面改造和装备农业！

　　农业是以土、肥、光、温、气等自然要素为基本生产资料，从事生命物质生产的产业；是变量因素很多、时空变异很大的复杂系统，所以经验性强、稳定性差和可控程度低成为先天性的行业弱势。

　　计算机和信息技术的出现为农业带来了福音。它的强大功能将全面装备农业，改善农业的行业弱势。

农业信息化的五条主线

数字化——对象与过程的量化与模型化，是农业信息化的基础。

智能化——智能化农业专家系统**AES**使农业由经验走向科学。

科学化——**3S**（遥感、地理信息系统、全球定位系统）的对地实时测报技术使农业管理走向科学化。

精准化——**PA**技术使农业由粗放到精准。

网络化——网络技术使农业由闭塞到能及时获取信息服务。

农业太需要信息化，而其进程却明显落后于其他行业

农业信息化的战略思路是：

以标准化和信息（库）平台建设为基础，以网络信息服务于"三农"及生产、管理、决策的信息化为重点，全面推进农业信息化。

四个战略重点

☑ 农业过程的数字化和模拟模型技术。
☑ 3S技术：遥感图像处理与解析、空间定位与数据管理。
☑ 农业宏观管理和决策支持技术。
☑ PA观念与技术。

三个平台

● 农业信息标准化与农业基础信息资源平台。
● 全球和全国资源及农情监测与决策支持平台。
● 加快面向"三农"的综合信息服务平台的建设。

当务之急是：

加快面向"三农"的综合信息服务平台的建设。

急切需要，效果明显，农民欢迎，技术成熟，全国宽带网已复盖70％以上，还有卫星双向接收平台，需要的是路上跑的"车"，"车"上装的"货"以及对用户的培训。

内容与信息库
- 农情、农政、金融
- 技术推广与咨询
- 农资与农产品市场
- 知识与远距离培训

传输平台
- 卫星（双向接收系统）
- 互联网、有线电视网和电信网三网合一
- 各级信息人员服务系统

接受与应用
- 机顶盒＋电视
- 电话、网络电话
- 手机短信
- 网络计算机
- 人员沟通

农业常规技术的效率革命和全面升级

育种、施肥、灌溉、植保、种植、养殖、兽医、育林、农机、设施十项常规技术支撑着农业的发展，它们做出了重要贡献；未来农业的发展，它们仍将是农业技术的主体。

但是普遍存在着资源消耗大、效率低、效益差的问题。我国单位耕地面积的化肥施用量是美国的3倍，利用效率只是美国的60％；灌溉水的利用效率只是发达国家的40％。农林病虫害继续蔓延；畜禽水产疫病损失严重。

在农业生物技术和信息技术的推动下，开展一次农业常规技术的效率革命和全面升级，即从高资耗低效率和高成本低品质的落后状态升级到高效率低投入、高品质低成本的台阶。这将是我国农业科技发展和推进农业生产与现代化的关键一役。

尽快提高农业科技成果的转化能力！

提高农业科技成果的转化能力不是靠某几个单一因素，而是一个系统工程。

组织要素： 建设国家、省、县级农业科技推广中心、乡镇农业科技综合服务站、科技示范户和农民技术员的工作系统。

工具要素： 建设农技、农情、农资、市场和知识的网络信息服务系统。

受体要素： 农民、农业管理和技术推广人员提高接受能力的培训。

企业要素： 龙头企业、农业科技企业。

农业基础科学研究不能松懈！

作为一个农业大国，农业基础科学的研究不能松懈，特别是进入后基因组时代，必须占据科技的源头优势。

根据国内外发展形势的分析，提出了：

"重要农业生物功能基因组研究"；

"基于基因功能的分子设计与组装育种"；

"提高植物光合效率及生物固氮能力"。

等重大基础研究的建议，还就种植、养殖、林产等业务领域的基础性研究作了部署。

农业科技的科学发展观

战略高技术、常规农业技术、农业推广、农业基础科学以及共性农业科技平台具有不同功能和战略位置，它们构成了一个统一的系统，在农业生物技术和农业信息技术两台引擎的推动下，以十大常规技术为中心，各司其职地均衡与协调发展。

重大农业科技任务凝炼

重点领域 **优先主题**

1. 粮食安全保障
    1. 农用水土资源的替代
    2. 超级种培育
    3. 大面积单产均衡增长

2. 农业生态安全
    4. 生态与生产共建双赢及省（区）域示范
    5. 绿色生产与食品安全保障

3. 农产品多用途开发
    6. 农产品多用途开发与加工增值
    7. 生物质能源/材料生产（农林废弃物资源化）
    8. 生物反应器

4. 农业科技跨越发展
    9. 农业生物技术
    10. 农业信息技术与平台建设
    11. 十大农业常规技术的效率革命与升级
    12. 复杂农艺性状功能基因组学

重大专项：1. 农用超级种培育； 2. 生物质能源/材料工程

政策性建议

1. 建议打破行政区界，整合科研单位、农业院校和农业推广部门，建立区域性农业科技中心；建设若干个国际一流水平的农业高等学府和农业科技中心。

2. 加速农业推广体系建设和发展一批具有国际竞争力的农业高科技企业。农业推广和农民培训的主体属公益性事业，应以国家拨款为主，辅以民间组织的市场化运作。

3. 建立农林与食品、轻工业和能源部门的联合协调机制，促进农业领域的拓展和农民增收。

4. 2002年国家农业科技经费投入占农业总产值的0.5%，建议2010年达到1.5%，以加大对科技储备的支持力度；2020年达到2%（目前发达国家为2.3%）。

‖【补言】

这次国家中长期科学和技术发展规划的战略研究对 21 世纪初我国科技工作的发展有着重要作用。据悉，以上 PPT 内容基本进入国家"十一五"规划和"十二五""十三五"规划的重要参考内容。

2004 年 04 月上中旬，在京丰宾馆集中两周，各专题组对研究报告作最后修改、加工，交流与协调以及汇报预演。2004 年 05 月和 06 月，各专题组陆续向国务院国家中长期科学和技术发展规划领导小组汇报。04 专题组安排在 06 月 15 日。

2004 年 06 月 15 日上午，天气晴好，不冷不热，给人以神清气爽的感觉。

汽车直接开进中南海西北门，传达室前的接待人员问清来人后告知在第一会议室开会以及行车路线。第一会议室是国务院用于召开大型会议的，可容纳一二百人，此刻门前，已是熙熙攘攘。会议室近乎方形，正中纵放一个大型长条椭圆形主桌，两厢各纵放桌椅五六排，供参会和工作人员用。主持人坐北朝南，面向放映用的大屏幕。

这天上午是 04（农业）和 08（人口与健康）两个专题组汇报。出席会议的有温家宝总理、黄菊、回良玉、华建敏、陈至立等国家领导人；国家中长期科技规划领导小组成员中科院院长路甬祥、社科院院长陈奎元、科技部部长徐冠华等 21 人；顾问专家组成员周光召、宋健、朱光亚、王大珩、石元春（我）、孙家栋、师昌绪等 14 人。主持会议的温家宝总理在主桌北头就座，有关人等分坐两侧，我和中国医学科学院院长刘德培院士是主汇报人，坐在主桌南头，与主持人相对。

04 专题组先汇报，我的电脑已与显示屏链接好。规定每个人汇报 40 分钟左右，讨论 45 分钟。我准备了 66 张幻灯片，平均每 10 分钟走 15 张幻灯片，这都要计算好。在汇报中，该说的必须说到位，没必要的一句也不说，时间太宝贵了。

9：00 开会。温家宝总理说："国家中长期科技规划战略研究课题汇报已经进行了六个专题，从今天起，后面这些专题我们把顾问小组的成员都请来了。今天宋健同志、光亚同志、光召同志，还有我们在座的这么多位老科学家都到会了。这确实是一项非常重要，而且非常庞大的工作，做好了意义十分深远，直接关系到我们国家今后十年、二十年，甚至更长远的经济社会发展。所以党中央、国务院非常重视，规划战略研究 20 个课题，一个课题、一个课题都要听，国务院部门的同志也都来了。今天上午进行汇报的第一个课题是农业科技问题的研究，还有一个是关于人口和健康课题研究。先请元春同志汇报农业课题研究。"

我汇报 PPT 的第一张幻灯片，开宗明义地提出"本汇报是在对世界和中国农业形势分析的基础上，围绕未来 15 年中国农业发展中的四大主题提出相应的科技战略与解决方案。"语速不快不慢，字字着力。随后是世界农业形势的 3 点和中国农业形势的 5 点结论性认识，共走了 8 张幻灯片。最后一张幻灯片提出了中国农业的四个主题（粮食安全、农业生态安全、农民增收、农业科技）和相应的四大战略（替代战略、解铃战略、拓展战略和跨越战略）。

第二部分是汇报主体，分别用了 10 张、9 张、13 张和 19 张幻灯片阐述四大战略和解决方案。科技发展的跨越战略最后提出了中长期科技问题的 4 个重点领域、12 个优先主题和两个重大专项。汇报是以 4 点政策性建议结束的。共 66 张幻灯片，用了 47 分钟。

汇报结束后，温家宝总理说：

"元春同志做了一个很好的汇报，这是他们研究成果的浓缩，用了不到一个小时的时间。下面，我们用 40 分钟来进行讨论，大家发言都要简短，主要看他们的研究成果、提出的建议、对一些问题的论断，大家有什么意见？有什么要求？有什么建议？"

路甬祥同志首先发言。他说："石校长的汇报让人耳目一新，对农业和农业科技的世界大势和国内形势分析得很到位，四项对应战略的针对性很强，很有见地。我感到这个研究报告对今后我国农业和农业科技会产生很长时间的影响。我同意这项研究成果。"

紧接着是宋健同志发言。他说："我同意甬祥院长的意见，老石他们的这个研究报告的确不错，很到位。报告中提出生物质经济，这很新，我建议在生物质研究中要注意薯类的重要作用。我有些这方面的资料，会后我叫人转给老石。另外，报告对农产品的品质问题和西部开发问题讲得还不够。"

此外，曲格平同志对农业的面源污染问题、周光召同志对粮食成本问题、朱丽兰同志对农业科技推广中的主体与受体问题、李京文同志对发展生物质经济的金融支撑问题、张宝文同志对农业的绿白蓝三色革命问题，还有王大珩、张国宝等都做了重要发言。

每个人发言时间不长，但都能高屋建瓴，说到要害，毕竟都是些国家级人物。当时我就有一种"高手过招"的感觉，受益匪浅。温家宝总理的最后发言是：

"我们不可能都发言，有一些意见，特别是部门的意见还可以书面形式转给课题组。农业科技研究非常重要，确实是一个重大的战略课题。第一点，从美国布朗提出谁养活中国，我们就在思考这个问题。他提出这个问题以后，我们粮食连续五年增产，超过 10 000 亿斤，因此就把他驳回去了。但是过了几年，我们又连续四年减产，于是他又提出了问题，而且他这次不但从粮食的供求角度提，还从水资源、土地、人口等方面提。他倒不是一个有敌意的科学家，他还是从研究角度提出问题的。我认为这个问题确实还没有解决，就是说满足十多亿人口的生存问题，吃饭问题，始终是中国经济、社会发展的重大问题。

"第二点，这个课题是从可持续发展来进行研究的，而且提出了新的农业技术革命的两大重点，就是生物技术和信息技术，我原来没有考虑把信息技术摆这么高，今天听了介绍，我感觉非常好，把这两大技术叫作主导技术，我觉得这是非常重要的。

"第三点，提出了四大战略，实际上是解决当前农业发展的四个大的主题，这就是用替代来解决安全，即食物安全，用科技来解决跨越，用拓展领域来解决增收问题，用解铃来解决生态问题，解铃还须系铃人，解铃的意思是我们自己造成的生态问题，要自己来解决。耕地和水的问题恐怕要引起高度重视，因为这是农业的两大载体，没有它们，就谈不上农业。耕地这两年因被占用而减少得过快、过多，去年耕地第一次降低到 15 亿亩以下，为 14.9 亿亩，是建国以来最低的，而我们的人口已相当多了，所以这不得不引起重视。水的问题今天没有谈，也相当紧迫。因此，必须保护耕地，节约用水，特别是灌溉用水。

"第四点，这个课题研究的领域，也可能他们没有汇报得很全面，有些领域可能还要再丰富一些，应该树立大农业的思想，既包括畜牧业，特别是奶业，还应该包括林业，今天我们林业科学家们也都到了，但没有发言，林业是大农业的重要组成部分，林业不完全是果业，还应该包括海洋，即海洋生物的利用。总之，拓展领域应该是大农业的思想。

"第五点，生物质能源，实际上生物质能源应该与生物废料的利用相结合。我已经看了参考资料，现在还在大量的烧秸秆，狼烟四起，石家庄到现在也还在烧，没有解决，所以生物质能源的利用不管是燃料，不管是沼气，不管是发电，都跟废料的利用相结合，跟环境的污染相结合，也与肥田有关系。

"第六点，生物技术是战略高技术，对转基因必须有一个正确的认识。今天我们大家都统一一下认识，应该非常重视，转基因是战略高技术，中国必须重视和加强转基因技术研究。在贸易上采取的有关转基因的一些政策，绝不应该妨碍科学上的转基因研究，这点必须要划分清楚。绝对不能对转基因研究有一丝一毫的放松。我们这个大国不靠转基因研究，要从根本上解决农业生物技术问题是不行的。我想这是我们今天议论的很重要的问题，其他的我就不说了，包括的都很全了。

"大家都同意这个报告，并且提了很好的意见，农业小组是不是可以继续做些补充修改？"

在 6·15 汇报会上，温家宝总理对发展生物质的肯定与赞许，对我们是一个很大的鼓舞。像小学生拿着成绩单受到家长奖励一样。

7月13—24日在北京会议中心进行第三次集中，这是国家中长期科学和技术发展规划的战略研究的大总结和圆满结束，历时一年零三个月，20个专题共提出了72个重点领域，174个优先主题和58个专项建议。会议开得很隆重，04组获得表彰。这是我十年游学中值得浓墨重彩的一站，可以用"大任务，大工作量，大收获"来概括。

后来了解到，我们提的12个优先主体全部被列入科技部"十一五"重大科技项目。

二维码 10　　　　二维码 11　　　　二维码 12

5 从农业发展历史看科学与人文的互动

（2005年04月29日，北京）

【背景】

中国科学院与中央党校在北京举办"中国科学与人文论坛讲座"，作者受邀做了题为《从农业发展历史看科学与人文的互动》的演讲。本次演讲涉及农业文明时期科学与文化的良性互动、工业文明时期的非良性互动以及如何构建后工业文明时期的人与自然、科技与人文的良性互动。

从农业发展历史看

科学与人文的互动

2005年04月29日，论坛

Cultura-Culture Agriculture

农业发展的历史是
一部科技与人文互动的历史，
时而和谐，时而相悖；
时而清晰，时而模糊；
……

农业文明早期的科技与人文互动

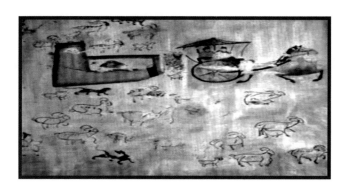

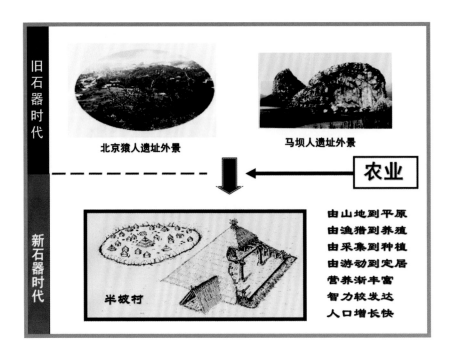

人类伟大的发明：野生动植物驯化—农业

家养族的最显著的特色之一，是我们所看到的它们，确实是不适应动物或植物自身的利益，而是适应人的使用和爱好。

——达尔文《物种起源》

人类曾栽培过3 000多种植物，保存至今的有150多种，主要是15种，几乎都是在原始农业时期完成的。

——D.R. Marshall，1997

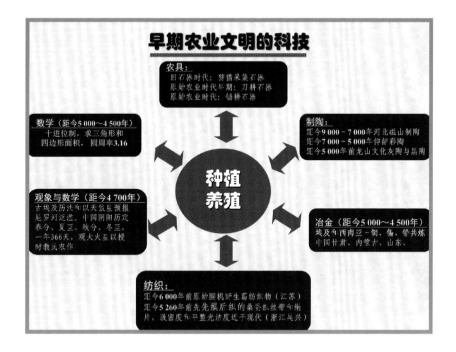

人文互动

"神农之世，耕而食，织而衣，
无相害之心，此至德之隆也"

"这种十分单纯质朴的民族制度是
一种多么美妙的制度阿！"

敬畏自然，崇拜图腾，神化农作

◆ 渔猎采集实践和冰期后的气候最佳期激发
了人类对野生动植物的驯化。

◆ 野生动植物驯化的发明到初始性的推动
作用处在科技与人文互动的中心位置。

◆ 氏族制与敬畏自然的人文环境与低科技和
生产力水平的良性互动，和谐发展。

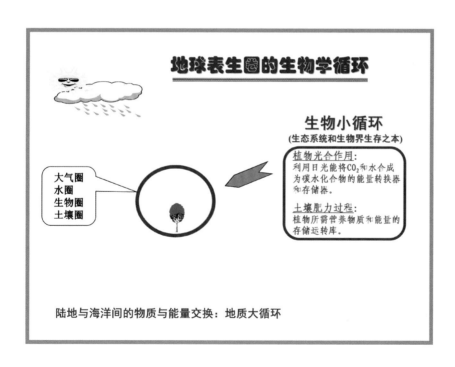

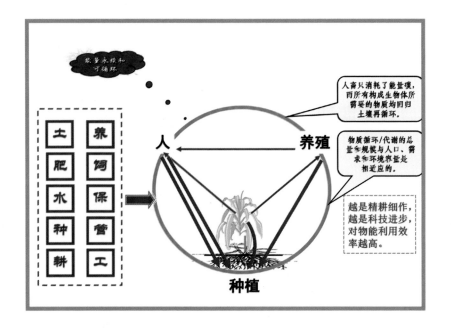

建筑在可再生的生物质闭合式物质能量循环基础上的、与自然相和谐和可以持续的人工(农田)生态系统。

农业理论体系

"夫稼，为之者人也，生之者地也，养之者天也。"《吕氏春秋》

■ "三宜"论："物宜、时宜、地宜"到"天地之时利""顺天时，量
　　　　地利，则用力少而成功多，任情返道，劳而无获"《齐民要术》
■ 地力常新论："地可使肥，也可使棘""尽地力之教""勤谨治田"：
　　　　"深耕细锄，厚加粪壤，勉致人工，以助地力"
■ 细作论："耕、耙、耱、压、锄""耕、耙、耖、耘、耥""勤耕多
　　　　耍，少种多收"
■ 相生论："相继以生成，相资以利用"；从论作倒茬、间混套作到
　　　　"桑基鱼塘"
■ 循环论："云气西行，云云然，冬夏不辍；水泉东流，日夜不休。上不
　　　　竭，下不满，小为大，重为轻，圜道也。"

哲学基础

☞ 道大，天大，地大，人亦大。域中有四大，而人居其
　　一焉。人法地，地法天，天法道，道法自然。
　　道生一，一生二，二生三，三生万物。（老子《道德经》）
☞ 天地与我并生，而万物与我为一。（庄子《齐物论》）
☞ 天行有常，不为尧存，不为桀亡。（荀子《天论》）

哲学的自然科学基础（原始农业时期）：

观火星以定时节；观四仲中星以定季节；
二十八星宿座标系；12等分周天和岁星纪年法；
《考工记》动植物地理分布；古四分历；
《夏小正》《管子·地员篇》《山经》《兆域图》问世。

田园诗、悯农诗、耕织诗、歌谣、童谣

大田多稼，既种既戒，既备乃事。以我覃耜，俶载南亩。播厥百谷，既庭且硕，曾孙是若。既方既皁，既坚既好，不稂不莠。去其螟螣，及其蟊贼，无害我田稚。田祖有神，秉畀炎火。有渰萋萋，兴雨祈祈。雨我公田，遂及我私。彼有不获稚，此有不敛穧，彼有遗秉，此有滞穗，伊寡妇之利。曾孙来止，以其妇子。馌彼南亩，田畯至喜。来方禋祀，以其骍黑，与其黍稷。以享以祀，以介景福。

田园诗、悯农诗、耕织诗、歌谣、童谣

"开荒南野际，守拙归园田"　　陶渊明《归园田居·其一》

"鹅湖山下稻粱肥，豚栅鸡埘半掩扉。
桑柘影斜春社散，家家扶得醉人归。"

"锄禾日当午，汗滴禾下土。
谁知盘中餐，粒粒皆辛苦。"

"今我何功德，曾不事农桑。利禄三百石，
岁晏有余粮。念此私自愧，尽日不能忘。"

公元前1世纪罗马兴起对农村生活的歌颂

　　他是个各方面都很有教养的人，也被认为是罗马在农业方面的最大权威。由于他经营得好，他的田庄比别人的官殿式的建筑还要好看，因为人们来参观田庄的房舍，看到的不是路库路斯家那样的画廊，而是满藏着果实的仓房。有我们朋友的果园，在那里果子是当作金子卖的。

耕织诗

耕织诗

织

织女工夫一年来多，
莫将容易看丝罗。
银钉照处方成寸，
已自循环掷万梭。

北京"九坛"：天坛、地坛、日坛、月坛、
社稷坛、祈谷坛、先农坛、先蚕坛、太岁坛

人非土不立，非谷不食。故封土立社，示有上事。
稷五谷之长，故封稷而祭之。

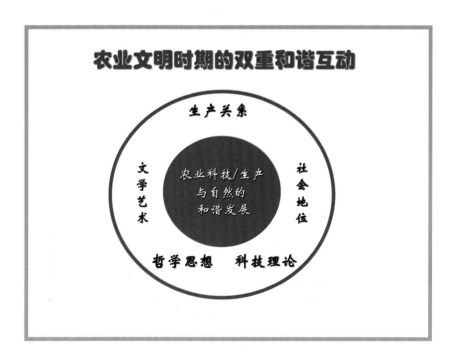

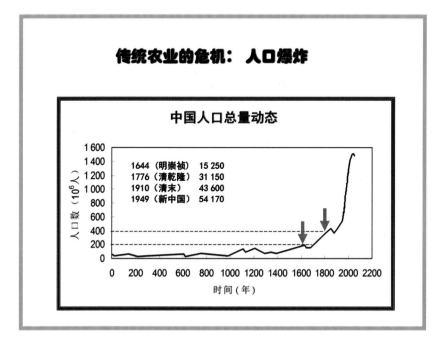

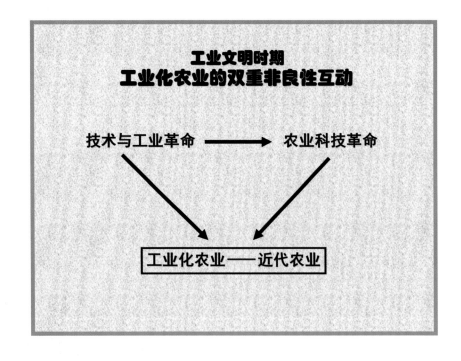

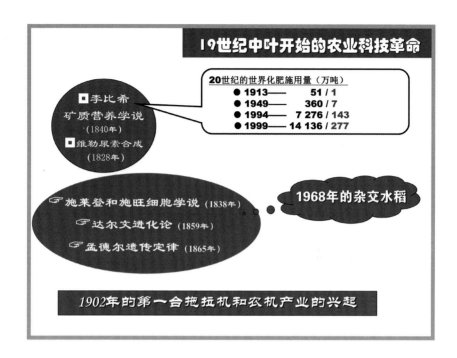

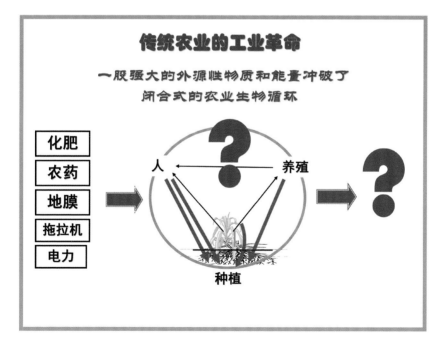

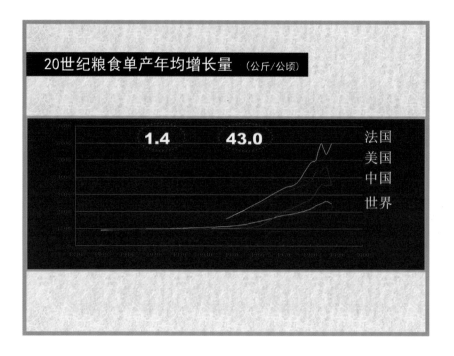

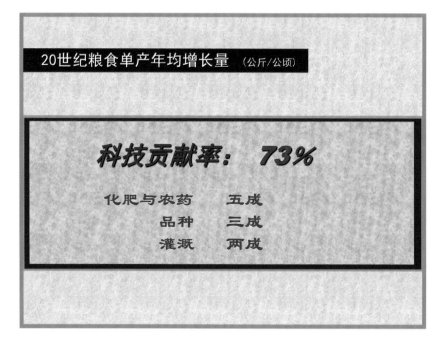

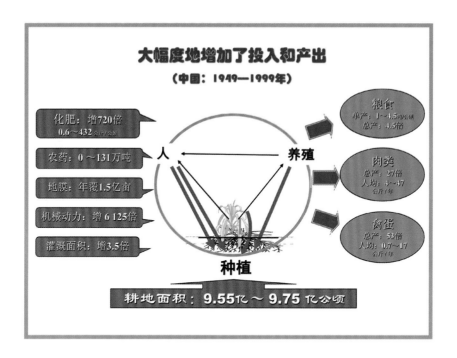

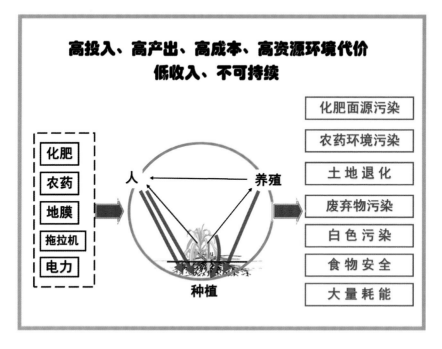

人文环境：

以人类为中心、人定胜天论、
（非主体产业）工高农低论、城乡二元论、
市场经济的价值现和激烈竞争中的弱势地位。

市场经济大潮中科学的无奈

◇黄河断流与母亲河干涸。
◇沙尘暴与改造沙漠。
◇退耕还林与林草之争。
◇工程治理与自我修复。

....

这是朱总理在2000年视察过的村子——丰宁小坝子乡椰头沟村
沙源来自山谷中的河流冲积物、坡积物和洪积物。

工业文明中农业的双重非良性互动
（工业革命初中期）

人类中心主义

工高农低　城乡二元

农业科技/生产
与自然
的非和谐模式

人定胜天　产业弱势

价格差异

工业文明中农业的双重非良性互动
（工业革命初、中期）

工业文明时期，农业具有非主体产业和基础性产业的双重性；人文社会环境的负面影响以及近代农业科技突出的正负效应使农业处于社会矛盾的中心，这在我国表现得特别突出，也是我国"三农"问题产生的深层次原因。

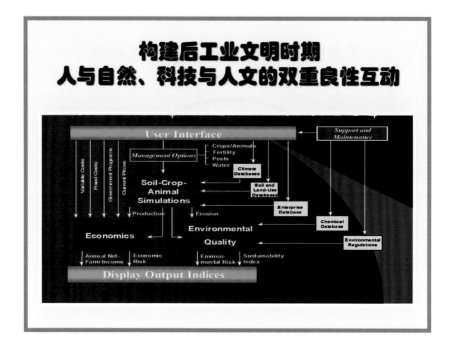

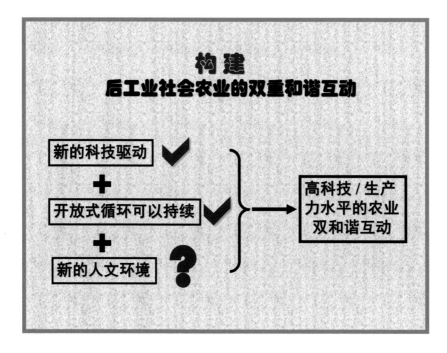

20世纪下半叶发生了两个重大科学事件

DNA双螺旋结构的发现

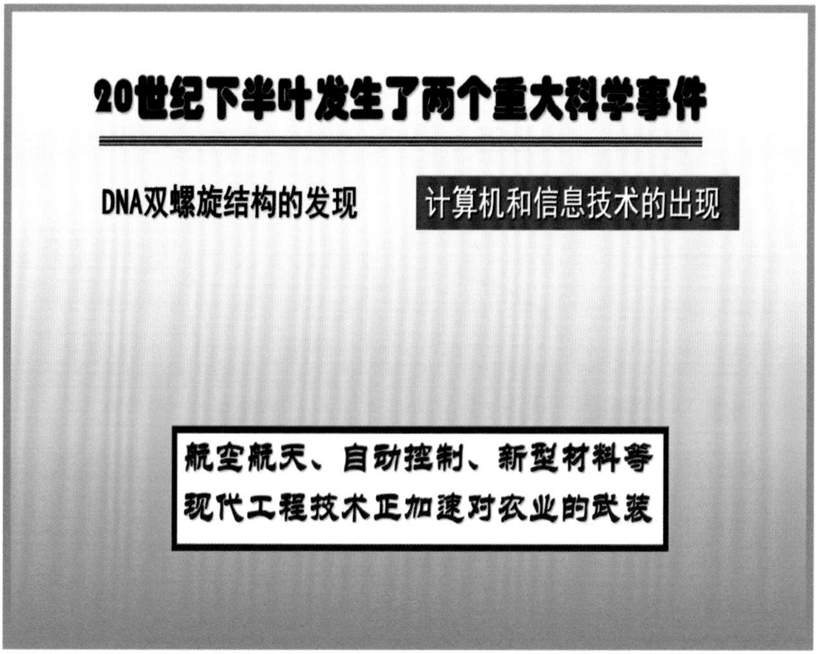

20世纪下半叶发生了两个重大科学事件

DNA双螺旋结构的发现　　计算机和信息技术的出现

航空航天、自动控制、新型材料等
现代工程技术正加速对农业的武装

20世纪下半叶发生了两个重大科学事件

DNA双螺旋结构的发现 　　计算机和信息技术的出现

一个以生物技术和信息技术为主导的新的农业科技革命正在全球兴起，将农业科技提升到一个全新的高度。

传统农业理念 ＋ 现代技术与管理

人与自然的非良性互动模式 ➡ 良性互动模式

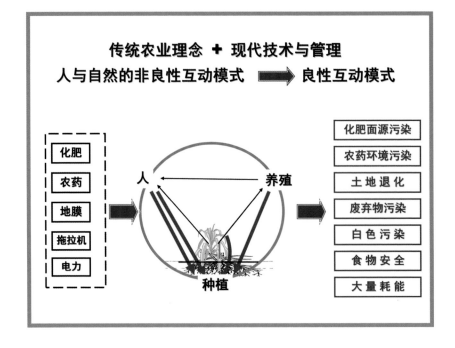

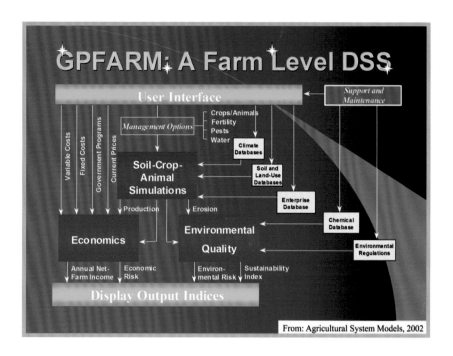

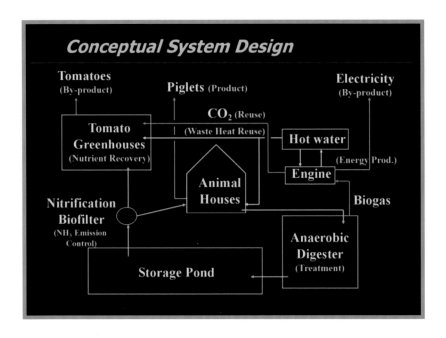

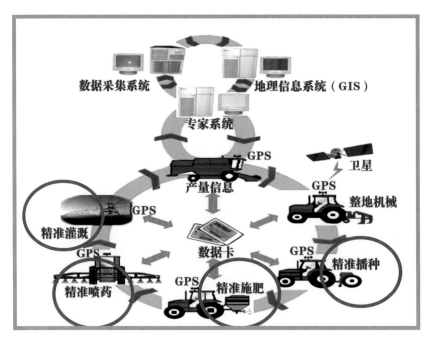

人文环境是可以转变的

以人类为中心、人定胜天论（自然）
工高农低论、城乡二元论（社会）
市场经济的价值观和激烈竞争中的弱势地位（经济）

登博斯宣言—21世纪议程—京都议定书—B模式

可持续发展观—科学发展观—构建和谐社会

如何改变农业弱势地位的人文社会环境？

🌲 "一碗饭三个人吃，改一个人吃"、城市拉动农村，工业反哺农业。

🌲 发展是硬道理："一碗饭变一锅饭""抹掉一条线，新划一条线"。

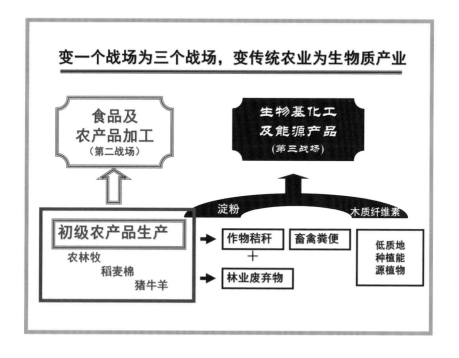

变一个战场为三个战场，变传统农业为生物质产业

食品及
农产品加工
（第二战场）

生物基化工
及能源产品
（第三战场）

淀粉　　　　　　木质纤维素

初级农产品生产

农林牧
稻麦棉
猪牛羊

作物秸秆　畜禽粪便
＋
林业废弃物

低质地
种植能
源植物

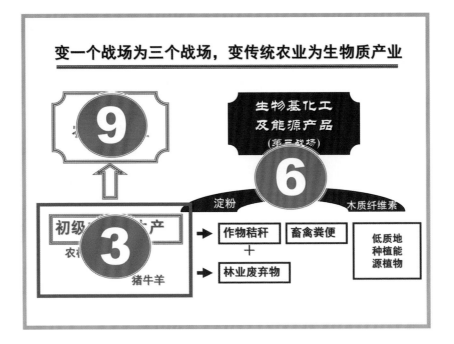

变一个战场为三个战场，变传统农业为生物质产业

变传统的农业与工业的界线为生物性产业和非生物性产业的界线

❶ 市场层面：生物性的终端产品的质量和安全性与农业生产过程的关系越来越大；两种生产过程的紧密连接可显著降低系统成本。

❷ 技术层面：在技术高度发达的条件下，生物性与非生物性的差异远大于传统的农业技术与工业技术的差异；农业劳动的机械化、信息化、自动化程度越来越高。

❸ 社会效应层面：农业生产将推动生物质加工企业和城镇化的发展；生物质企业将星罗棋布地出现在辽阔的农村大地，有利于从源头解决"三农"问题。

❹ 马克思理论层面：有利于逐步消除工农、城乡、脑力与体力的三大差别。

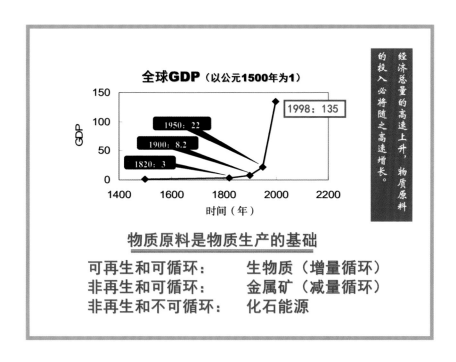

经济总量的高速上升，物质原料的投入必将随之高速增长。

物质原料是物质生产的基础

可再生和可循环： 生物质（增量循环）
非再生和可循环： 金属矿（减量循环）
非再生和不可循环： 化石能源

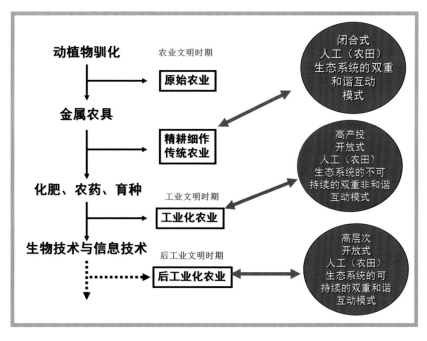

农业科技发展有其自身的规律：实践与积累是农业科技发展的原动力；发展过程中有量的积累和质的突变，整个过程是由一系列突变，即重大科技发现发明构成的。

科技与人文的互动

● 包括科技/生产与自然和与人文间的两种性质的互动。

● 互动有良性和非良性，和谐与非和谐，要做具体分析。

● 存在农业文明时期的双重和谐互动和工业文明时期的双重非良性互动。

● 通过科技与管理进步，农业科技/生产与自然的非良性互动能转化为良性互动；也可通过观念和战略思想的转变，构成工业文明时期的农业与人文的良性互动。

【补言】

从农业发展历史看科技与人文的互动

这个演讲内容已跨到人文领域，对我是个很大挑战，我喜欢挑战。我花了很大功夫，查阅了不少资料，思考了许多问题，收获了未曾收获的精彩感受。

演讲前，我先在屏幕上打出了三个大家很熟悉的字，一个是拉丁字 Cultura，15 世纪后以 Culture 在英语中广泛应用，意思是"农作栽培"或"文化"；如果在 culture 前加上前缀词 Agri，也就是 Agriculture，就是农业。看来，农业与文化颇有渊源，所以用了《从农业发展历史看科技与人文的互动》作为演讲题目。毕竟人类社会曾经历过数千年的"农业文明"时期，内容太丰富了。

农业文明史可说是一部农业科技与人文互动的历史。互动中时而和谐，时而相悖；时而良性，时而非良性；时而清晰，时而模糊。从具体分析中可以得到一些有益启示。演讲分述了 10 个问题。

①人类早期文明中的科技与人文互动。
②农业文明时期人与自然的和谐互动。
③农业文明时期科技与人文的和谐互动。
④工业社会农业的人与自然非良性互动。
⑤工业社会农业科技与人文的非良性互动。
⑥后工业社会的时代理念：可持续发展。
⑦后工业社会：农业的人与自然和谐互动。
⑧后工业社会：第一农业全面升级，第二农业生机勃勃。
⑨后工业社会：第三农业呼之欲出。
⑩后工业社会：构建农业科学与人文的良性互动。

现将第十部分全文摘引如下。

后工业社会：构建农业科学与人文的良性互动

与提倡京剧、民乐、国学等精神产品不一样，一个物质生产产业的人文环境最终取决于它在国民经济中的贡献、地位和自身禀赋，农业在农业社会和工业社会的完全不同境遇就是一个很好的说明。在后工业社会，其人文环境是否会发生变化和得到改善呢？

上面已经谈到它正在发生的变化有：一是以生物技术和信息技术为主导的农业科技革命正在建立一个新的、更加先进和有效的农业科技和装备体系；二是将能建立一个使农业走上人与自然和谐与可持续发展之路的、新的开放式物质能量循环体系；三是在科技进步、社会需求和市场竞争的激发和引导下，以第一农业为基础，第二农业和第三农业相呼应的一个新的内部结构体系；四是在破除"工农二元论"和"城乡二元论"的基础上，农业的第一战场、第二战场、第三战场在辽阔的农村大地上摆开，居民区和中小城镇星罗棋布，第一农业的富余劳动力向第二农业和第三农业转移，大批农民离土不离乡，收入大幅度增加，物质生活和精神生活得到显著改善。这不是空想，是可以实实在在做到的。存在的最大障碍是观念和体制，传统和过时的"工农二元论"和"城乡二元论"必须抛弃。

其一，工业化的初中期，工业以机械等现代技术和装备进行集中、规模和标准化的大生产，而农业仍是分散、低科技含量和低效率的小农生产方式，工农界线分明。自19世纪开始的以农业化学和生物学为主导的近代农业科技革命及工业革命带来了化肥、农药、良种、拖拉机等农业生产资料；在新的农业科技革命中，生物技术、信息技术、航空和航天技术、新材料和自控技术等将农业的技术和装备水平提到一个新的高度；美国及欧洲发达国家等的家庭农场和我国正在发展的产业化经营及国有农场正使农业走向集中和规模化的大生产。生产方式、技术和装备水平以及组织化程度上的工农差别正在消失。

其二，在科技和社会经济高速发展的20世纪，产业内部和产业之间都发生了深刻变化。服务业（第三产业）和信息产业的兴起改变了产业的总体结构；自纺织机和蒸汽机发端的工业革命后的一二百年间，工业内部发展了机械、电力、采矿、冶金、通信、化工（煤化工和石油化工等）、汽车、航空、航天、信息以及进入农业领域的食品、纺织、制革、农机、化肥、农药等形成了强大的工业树结构。20世纪的农业有了很大发展，但在"重工轻农"和"工农二元论"的环境下，仍"划地为牢"地将农业圈定在几千年来一成不变的初级农产品生产和为工业提供原料的圈子内，食品与农产品加工业归属"轻工"和"非农"。以上论述了初级农产品与农产品加工间在质量、安全、贸易、技术进步以及经营上发生的一系列变化；"第三农业"中的原料生产与终端产品生产的一体化等都说明必须将初级农产品生产过程和加工生产过程连成一个统一的生产链条，传统的工业与农业界线应当重新界定。

其三，工业革命以来的短短二三百年间，人类社会极大地消耗了地球上的自然资源，并继续加速度进行。在自然资源中，不可再生和不可循环的化石能源趋于枯竭；不可再生的矿产资源虽能循环，但每循环一次就减量一次，终将枯竭；唯一既可再生又能作增量循环的是能将日光能转化为化学能的生物质能源，无疑它将成为后工业社会从事物质生产的主要物质资源的来源。正如美国国家科学院报告提出的那样："生物基产品最终将满足大于 90% 的美国有机化学消耗和达到 50% 的液体燃料的需要"。

从社会物质生产的可再生、可减量循环和可增量循环的角度看，真正意义上的可持续资源是生物质资源，说 21 世纪是生物质经济世纪毫不为过，而且像一坛老酒，时间越长越醇香。如果以是否用机械等现代生产技术和装备进行集中和规模生产的生产方式来界定工业与农业以及初级农产品与农产品加工，传统的工农业界线必然要被生物产业和非生物产业的划分所取代；"工农二元论"为"生物非生物二元论"所取代。

城乡差别是历史发展的产物，而工业化，特别是我国计划经济体制使之更加强化和扩大。城乡差别是工农差别的另一种表现形式，是抑农扶工政策和城乡分隔政策，从户籍、就业、供应、住宅、教育、医疗、劳保、养老，乃至生产资料供应等方面将农业、农村和农民压缩在一个很小的经济成长空间，承受着城乡严重失衡的不平等待遇。并合乎逻辑地推导出：民以食为天，农以民为天（农业自身的发展呢？）；风险大和附加值低的初级农产品生产归农业，风险小和产品附加值高的归食品和轻纺工业；农业为工业化提供积累；让农村富余劳动力（确切的是初级农产品生产的富余劳动力）转移到城市和工业，即改两人吃一碗为一人吃一碗饭，但仍是一碗饭而不是一桌筵席；发展中小城镇是为了转移农村富余劳动力，而不是发展农村经济来推动中小城镇建设……"鸿沟论"是戴在农业头上的"紧箍咒"，念不完的"倒头经"，翻不出去的"如来佛手掌"。

"发展是硬道理"。为什么在市场经济体制和后工业社会对农业不能换一种思维模式？几千年来从事初级农产品生产的传统农业，工业社会时期的生产链条延长至食品与农产品加工业，后工业社会又发展到生物质能源和生物化工领域；传统的农业与工业的产业划分被生物产业与非生物产业的产业划分替代；随着土地生产率和劳动生产率的提高和第二农业和第三农业（战场）的成长，第一农业的富余劳动力逐步向第二农业和第三农业（战场）转移，农业企业和中小城镇随之发展，星罗棋布地出现在农村大地；在以生物技术和信息技术为主导的新的农业科技革命的推动下，整个农业被现代科技和装备武装，先进的生产条件和效率是先进生产力的代表；农业总产值大幅度上升，在 GDP 中占据主要位置；随着生产力的发展而农村的物质和精神生活质量显著提高，农民的受教育和科学文化水平接近于城市。

随着"城乡二元结构"和"农工二元结构"的逐渐消除，未来农业在农村大地上将星罗棋布地出现在工厂企业、现代城镇与居民社区。

"三农"问题存在的深层次原因在于工农、城乡和脑体三大差别的扩大。只要持之以恒地向着缩小三大差别的方向努力，中国的农业、农村和农民才有希望，生物质产业正将为之做出重要贡献。

工业社会时期的农业处于非主流产业地位。科技显著落后、产品附加值和市场竞争力低下，工作和生活条件艰苦导致农业弱势地位和对发展十分不利的人文环境的出现。在后工业社会，农业的这些不利条件和环境将会发生重大改变。

在后工业社会，以人类为中心和利润最大化追求导致对自然资源的狂妄掠夺和对环境的肆意破坏，这一现象将逐渐被人与自然共处和可持续发展的理性及条约性约束替代。在产业结构上，社会服务业和信息产业的兴起和蓬勃发展使传统工业的 GDP 比例持续下降，传统农业的内涵和外延上也发生着深刻的变化。

恩格斯说过，社会一旦有技术上的需求，则这种需求会比十所大学更能把科学推向前进。

二维码 13　　　二维码 14　　　二维码 15

6 科技的顶层创新
（2005 年 08 月，北京，中国科学家论坛）

【背景】

    2002 年，周光召院士提出，科技部和中国科学院等支持创建的"中国科学家论坛"，在 2005 年举办的第四届论坛主题是"产业与区域发展自主创新论坛"。本书作者在论坛演讲题目是《例说——科技的顶层创新》。组例之一是"科技顶层创新中的源流律和集束转移现象"；组例之二是"科技的国家顶层创新——美国"；组例之三是"我国科技的顶层创新"。最后讲到我国的自主创新最缺的是"精神沃土"——对国家和民族的强烈责任感和爱国主义精神，引用了爱因斯坦的名言："我最受不了这样的科学家，他拿起一块木板，寻找最薄的部位，在容易钻孔的地方，钻上许许多多的孔。"

例说——
科技的顶层创新

2005 年 08 月，北京中国科学家论坛

科技自主创新
应当是多方面、多类型和多层次的

多方面： 基础科学、技术科学；

工、农、医、军事……

多类型： 原始创新、集成创新、

引进基础上的再重新……

多层次： 顶层（战略）层次、战术层次……

国家层次、地方层次、企业层次……

科技顶层创新中的
源流律和集束转移现象

组例之一

科技长河中的源头与基石：

李政道在21世纪中国科技战略研讨会上谈到狭义相对论和量子力学两项伟大发现时说：

"到1925年，对这两个领域完全了解了，并且由此发展了原子结构、分子结构、核能、激光、半导体、超导体、X光、超级计算机等等，假如没有狭义相对论和量子力学，这些都不会有，几乎所有的20世纪的物质文明都是从这两个物理基础科学的发现衍生的"。

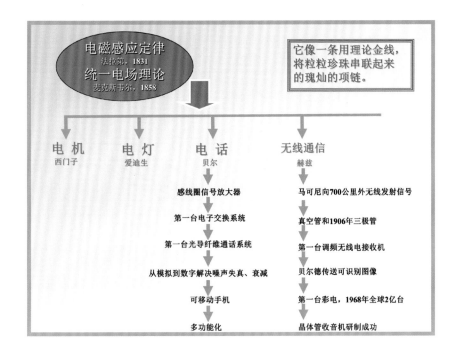

电磁感应定律
法拉第，1831
统一电场理论
麦克斯韦尔，1858

它像一条用理论金线，将粒粒珍珠串联起来的瑰灿的项链。

电 机	电 灯	电 话	无线通信
西门子	爱迪生	贝尔	赫兹

电话：
感线圈信号放大器
第一台电子交换系统
第一台光导纤维通话系统
从模拟到数字解决噪声失真、衰减
可移动手机
多功能化

无线通信：
马可尼向700公里外无线发射信号
真空管和1906年三极管
第一台调频无线电接收机
贝尔德传送可识别图像
第一台彩电，1968年全球2亿台
晶体管收音机研制成功

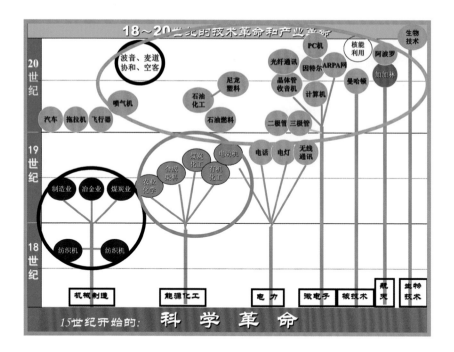

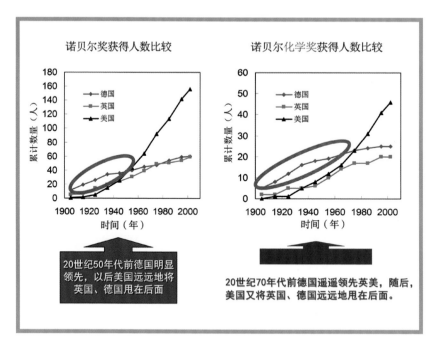

点评：

科学和技术的发现和发明存在着源流律；存在着集束式出现在某个国家和由一个国家向另一国家转移的现象。

科技的国家顶层创新——美国

组例之二

◆ 曼哈顿计划
◆ 基础科学计划

在"曼哈顿计划"取得胜利和二次世界大战结束前夕，罗斯福给战时美国科学研究与发展局主任V. 布什写信征询如何将战时科学研究与发展经验用于和平时期。

布什在提交的长篇报告中指出："今天，基础研究已成为技术进步的先导，这比以往任何时候都更加明确。一个在新的基础科学知识方面依靠别国的国家，其工业的发展将是缓慢的，在世界贸易竞争中所处的地位将是虚弱的，不管他的技艺有多么高明。"

1950年美国国会通过了《国家科学基金会法案》和设立了由总统直接任命和领导的国家科学基金会。

◆ "阿波罗计划"
面对1953年苏联拥有了氢弹，1957年第一颗人造卫星上天才有了1969年的阿波罗登月成功，保障了美国的航天和军事在冷战中的优势地位。

◆ "星球大战计划"
面对苏联发展成为第二经济强国，日本、德国的崛起和1978—1980年的全球石油危机和1980—1982年的严重经济衰退，由"确保摧毁"到1983年的星球大战计划出台

◆ "信息高速公路 NII"
正如老布什总统在"建立世界新秩序"时忧心忡忡地提出："新时代最重要和最具战略意义的进展之一是日本和德国作为经济和政治大国的出现，这是很厉害的对手"以及前苏联的解体带来世界格局的巨变，新上任的总统克林顿提出了"信息高速公路（NII）"。

8%	45%	108个月	新经济时期

◆ 案例解读之一："生物工程计划"

DNA双螺旋结构的发现和DNA重组的成功是继进化论和细胞学说后，使人类对生命现象的认识由宏观和细胞水平深入到分子水平，并可运用生物技术改良生物体的遗传性创造新的物种。它是20世纪最伟大的科学成就之一，是现代农学、医学和一切生命科学和技术的源头和基础，正在引发一场生命科学和技术的意义深远的技术和产业革命。

"以后三四十年间，应用研究发展最快的将有几个领域：

    1. 芯片的广泛应用；

    2. 医药学的高速发展；

    3. 生物工程。

这三个领域的发展，我以为将是以后三四十年世界经济发展的火车头。"

——杨振宁，2001

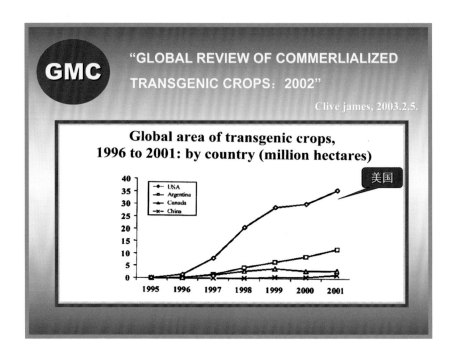

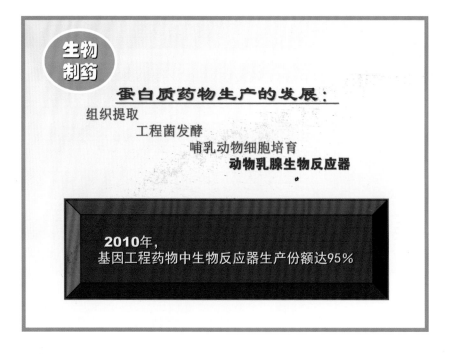

Pusztai 事件

斑蝶事件

欧洲		美国

● 科学上可信和有巨大经济/社会潜力 ------ 相同
● 农产品已经过剩，何必转基因 --------- 巨大商机，全球尚有8亿人饥饿和
营养不良，农民和公众受惠
● 绿色和平组织与传统伦理观 --------- 国家利益至上
● 现在没问题，以后会不会有问题 ------- 科学上没问题和严格检测

ICI、Basf、Bayer、Dupont、Monsanto、Hoechest、Ciba-Geigy 的历史性战略大转移

🔔1993年ICI分离组建生命科学和化学的Zeneca公司
创造了7亿美元产值

🔔CGG组建Novatis生命科学公司，6亿美元用于农业

🔔杜邦1997年控股先锋；1998年与法合建杜邦小麦
企业；1999年兼并先锋

🔔马拉松式的投资竞赛：
　杜邦——**6亿美元**；
　孟山都——**6.5亿美元**；
　Rhodia——**7亿美元**；
　Hoechest——**12亿美元**。

"CHEMICAL & ENGINEERING NEWS"，1998.11.

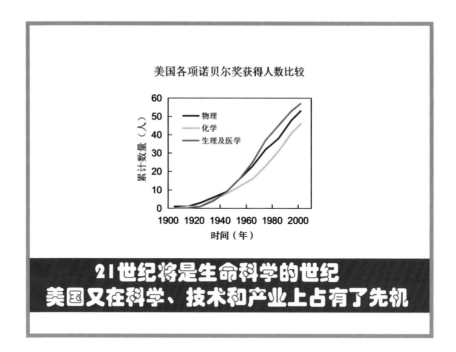

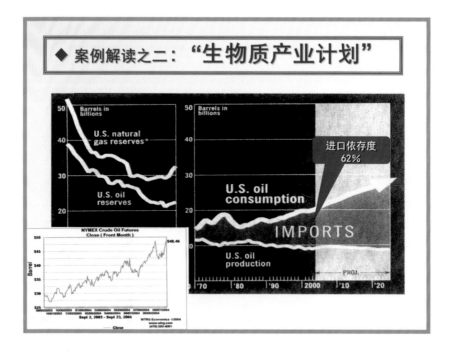

生物质能源的多功能性

	生物质	其他可再生能源	化石能源
☯ 能源	✓	✓	✓
☯ 物质	✓	0	✓
☯ 物质循环	✓	0	0
☯ 双环保	✓	0	✕✕
☯ 发展农村经济	✓	0	0

World Biomass Production

大自然每年赐予人类超过 2000亿吨的光合成有机物质，其能量相当于世界能耗的 10倍，现在利用的还不到总量的7%。

Plants are a gigantic sun reactor.

THE WHITE HOUSE

Office of the Press Secretary

For Immediate Release   August 12, 1999

EXECUTIVE ORDER
- - - - - - -
DEVELOPING AND PROMOTING BIOBASED PRODUCTS AND BIOENERGY

By the authority vested in me as President by the Constitution and the laws of the United States of America, including the Federal Advisory Committee Act, as amended (5 U.S.C. App.), and in order to stimulate the creation and early adoption of technologies needed to make biobased products and bioenergy cost-competitive in large national and international markets, it is hereby ordered as follows:

Section 1. Policy. Current biobased product and bioenergy technology has the potential to make renewable farm and forestry resources major sources of affordable electricity, fuel, chemicals, pharmaceuticals, and other materials. Technical advances in these areas can create an expanding array of exciting new business and employment opportunities for farmers, foresters, ranchers, and other businesses in rural America. These technologies can create new markets for farm and forest waste products, new economic opportunities for underused land, and new value-added business

为了促进能使生物基产品和生物能源在巨大的国内和国际市场上有成本竞争力的技术的发明和采纳，我国需要建立一套全国范围的战略计划，包括技术研究、开发和私营奖励方案

Council shall be composed of the Secretaries of Agriculture, Commerce, Energy, and the Interior, the Administrator of the Environmental Protection Agency, the Director of the Office of Management and Budget, the Assistant to the President for Science and Technology, the Director of the National Science Foundation, the Federal Environmental Executive, and the heads of other relevant agencies as may be determined by the Co-Chairs of the Council. Members

提出了"生物基产品和生物质能源到2010年增加3倍，2020年增加10倍；每年为农民和乡村经济新增200亿美元的收入，同时减少1亿吨碳排放量"的宏大目标。

The goals shall include promoting national economic growth with specific attention to rural economic interests, energy security, and environmental sustainability and protection. These strategic plans shall be compatible with the national goal of producing safe and affordable supplies of food,

A-2

紧锣密鼓

● 成立一个部际协调委员会
● 成立一个咨询委员会
● 成立一个协调办公室
● 成立美国能源部和能源部工作组

America

TECHNOLOGY FOR
A SUSTAINABLE ENERGY SYSTEM

A Strategic Plan For
Agricultural Research Service

2002年美国农业部制定的《生物质能源及替代能源研究计划》

"这份报告预示了一个充满活力的新行业将在美国出现，它将提高我们的能源安全、环境质量和农村经济，它将生产我们国家相当大部分的电力、燃料和化学品。"

"像阿波罗登月计划那样，整合这个行业是一项意义深远的挑战，需要大胆的想象力，在多个科技前沿领域同时取得进展，在基础设施和市场开发上大量投资，提供政策和教育上的大力支持。路线图的制定者相信，成功的回报将是巨大的，它将是未来人类事业的基础。"

——美国《生物质技术路线图》，2002

众企业欲占先机

> "石油的'能源之王'地位也许不久就会遭到废黜。如今，农田作物有可能逐渐取代石油，成为获得从燃料到塑料的所有物质的来源。'黑金'也许会被'绿金'所取代"。
>
> ——《今日美国》，2000.2.1.

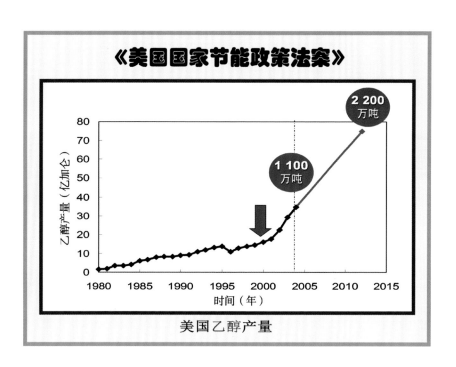

美国乙醇产量

点评：
围绕国家的时代性重大需求，及时提出具有显明国家目标的重大科技专项，周密部署，狠抓实施，可以预期。

我国科技的顶层创新

组例之三

近代我国在高层位的科学发现和技术发明上的贡献几乎为零，至今仍远落后于发达国家，这是中国和世界近代史给我们留下的历史遗产，也是当今激烈的世界竞争态势向我们提出的挑战。

"坚持把提高科技自主创新能力作为推进结构调整和提高国家竞争力的中心环节""在实践中走出一条具有中国特色的科技创新的路子"。

—胡锦涛

"自主创新是支撑一个国家崛起的筋骨"。

——温家宝

在领导和鼓励全国科技界和企业界大力
推进原始创新、集成创新和引进、消化吸收
和再创新的同时，要注意加强：

◈ **国家的战略（顶层）创新**
◈ **自主创新的"沃土"建设**

国家战略创新的经典："两弹一星"

新中国成立之初，在经济、科技条件还十分幼弱的情况下，
我国成功地发展了"两弹一星"。

1954年　采集到第一块铀矿石
1958年　成立核武器研究所
1964年　第一颗原子弹核爆成功
1967年　第一颗氢弹试验成功
1970年　"东方红一号"人造地球卫星发射成功
1975年　发射返回式卫星成功
1999年　成功发射"神州一号"无人试验飞船
2003年　成功发射载人航天飞船

非常的时间　　非常的办法　　非常的成就

我国的重大科技计划

◇ 制定第一个国家科技发展规划
◇ "博士后基金"
◇ 成立国家自然科学基金委员会
◇ "863高技术计划"
◇ "973基础研究计划"

有打基础和照顾面的作用而少国家重大战略专项

2003——2005年：
《国家中长期科学和技术发展规划纲要（草案）》

———————————————

"要确定主攻方向和目标。规划最终要落实到重点项目、重点课题上，这是我们用一年零三个月的时间作规划的最终成果。"

国家重大战略专项案例：
中国生物质产业计划

生物质产业对中国的特殊意义不仅在于缓解能源问题和环境问题，而且在于缓解 "三农" 问题。

我国的石油危机：

储量是世界的2%，消费量是世界第二

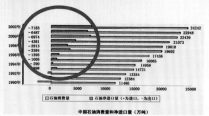

	消费量 （万吨）	生产量 （万吨）	进口量 （万吨）	依存度 （%）
2003	2.76	1.71	0.97	35.1
2004	3.12	1.75	1.44	46.2

还能用多久？ 17年？30年？ —— 坐吃山空

进口依存度越高，国家能源、经济、国防的安全度越低；
外交代价（援助、贷款、经济、政治）付出越高

—— 受制于人

农民和农村在呼唤生物质经济！

农民渴望增加增收渠道和提高产品附加值。

每年7亿吨作物秸秆中三成就地焚烧，污染严重。

每年8.5亿吨畜禽粪便成为我国水体的严重污染源。

每年1.5亿亩农田覆盖地膜，5～7年后土壤肥力下降。

几千年来的烟熏火燎和低能效的直燃式能源消费要求改善。

6 500万偏远山区农民至今没有用上电，靠大电网供电吗？

小城镇建设需要在辽阔的大地上大量出现中小型工业企业，
以利于农村富余劳动力转移和缩小城乡差别。

开辟农业第三战场

> 动用不到一半的农林废弃物和不到10%的边际性土地

投 入

	资源存量	动用率	动用量
作物秸秆	7亿吨	65%	4.5 亿吨
林业废弃物	>2亿吨	40%	0.8 亿吨
畜禽粪便	26亿吨	50%	13 亿吨
低质地	10亿亩	0.5%	0.7 亿亩
薪炭林地	0.7亿亩	80%	0.1 亿亩
用材林地	8.5亿亩	—	—

1 000个骨干生物质产业，10 000个小型生物质产业

产 出

◇ 年产值3 500亿元，农民增收400亿元。
◇ 消除秸秆露地燃烧和规模化养殖污染。
◇ 全部以生物基地膜替代石油基地膜。
◇ 带动500万农户，促进5 000万农业劳动力转移。
◇ 4 000万农户生活用能效提高2～3倍。
◇ 替代5 000万吨石油，减排1.6亿吨CO_2。

建设年产5 000万吨的绿色油田（一期）

以生物质为原料生产乙醇、生物柴油、生物基塑料各达年产1 200万吨生产能力和减少1.6亿吨CO_2排放量，相当于对5 000万吨石油的替代或建设一个大庆油田；相当于2003年进口石油量的55%和150亿美元外汇或俄罗斯进口量的9倍

2003年原油进口：（资料）	
沙特	1 518 万吨
伊朗	1 239 万吨
安哥拉	1 010 万吨
也门	700 万吨
俄罗斯	526 万吨
（进口总计 9 113万吨，运费4.5亿美元）	

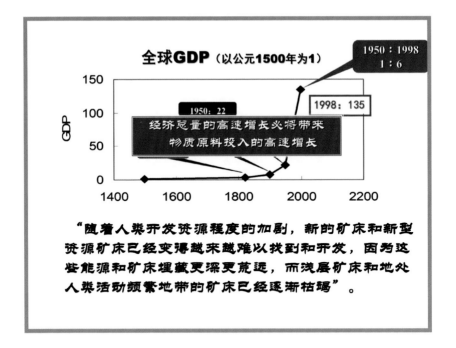

"随着人类开发资源程度的加剧，新的矿床和新型资源矿床已经变得越来越难以找到和开发，因为这些能源和矿床埋藏更深更荒远，而浅层矿床和地处人类活动频繁地带的矿床已经逐渐枯竭"。

"2003年，我国消耗了全球31％的原煤，30％的铁矿石，27％的钢材以及40％的水泥。2004年，由于我国对铁矿石需求的急剧增加，国际市场价格曾上涨了71.5％；由于国际原油价格屡创新高，我国全年多支付的外汇金额达数十亿美元。长此以往，越来越多的企业将不堪重负，国家将不堪重负。"

惊 变
——有感于物质资源的变迁
无可奈何终将去，柳暗花明寻再生
幸逢人间新世纪，生物经济展鹏程

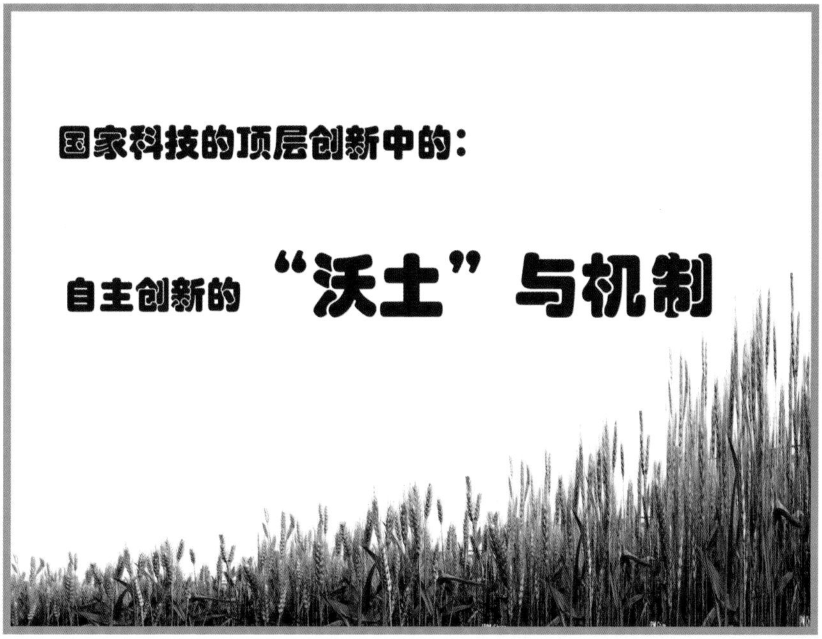

国家科技的顶层创新中的：

自主创新的 "沃土" 与机制

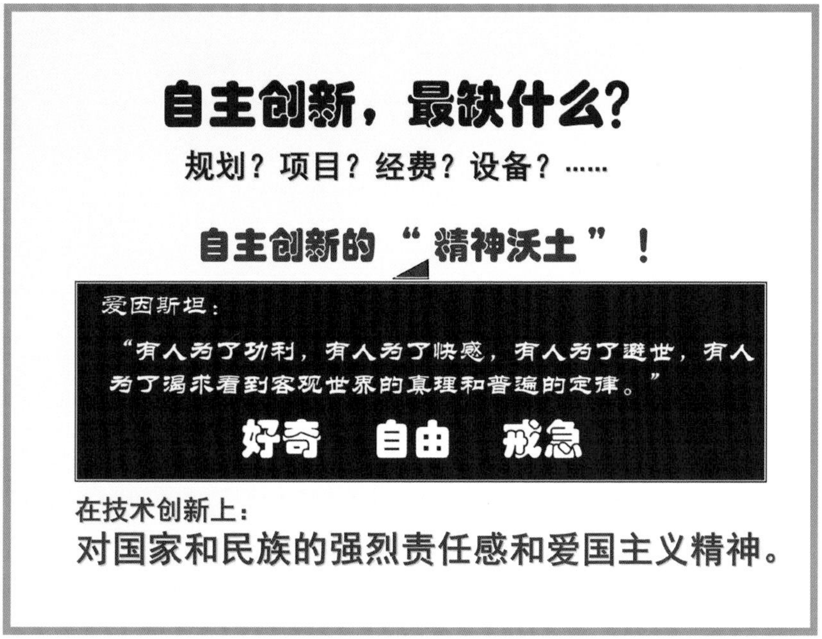

自主创新，最缺什么？

规划？项目？经费？设备？……

自主创新的 "精神沃土" ！

爱因斯坦：

"有人为了功利，有人为了快感，有人为了避世，有人
为了渴求看到客观世界的真理和普遍的定律。"

好奇　自由　戒急

在技术创新上：
对国家和民族的强烈责任感和爱国主义精神。

二维码 16

二维码 17

二维码 18

7 关于我国生物质能源的发展战略与目标

（2006年08月，北京）

▌▌【背景】

　　生物质能在2005年我国经多方推进，2006年08月19日，国家发展和改革委员会同农业部、国家林业局在北京召开了"全国生物质能开发利用工作会议"，"会议目的是贯彻《中华人民共和国可再生能源法》，落实《中华人民共和国国民经济和社会发展第十一个五年规划纲要》，统一思想，提高认识，明确任务，部署工作，动员各方力量，加快生物质能开发利用。"这是一次全国性的工作部署会议，我在会议上的主旨发言题目是《关于我国生物质能源的发展战略与目标》。

关于我国生物质能源
的发展战略与目标

国家发改委. 北京
2006年08月19日

在化石能源渐趋枯竭、环境压力日益沉重、需求和油价持续上升以及世界能源资源争夺战愈演愈烈的时代背景下，寻求可再生清洁能源和能源的多元化已成世界发展之大势。

生物质能源是以农林等有机废弃物和利用边际性土地种植的能源植物为原料、生产的一种可再生的清洁能源。

	生物质能源	其他可再生能源
能源	✓	✓
物质生产	✓	✗
环保产业	✓	✗
发展农村经济	✓	✗

THE WHITE HOUSE

Office of the Press Secretary

For Immediate Release   August 12, 1999

EXECUTIVE ORDER
- - - - - - -
DEVELOPING AND PROMOTING BIOBASED PRODUCTS AND BIOENERGY

By the authority vested in me as President by the Constitution and the laws of the United States of America, including the Federal Advisory Committee Act, as amended (5 U.S.C. App.), and in order to stimulate the creation and early adoption of technologies needed to make biobased products and bioenergy cost-competitive in large national and international markets, it is hereby ordered as follows:

Section 1. Policy. Cur... renewable farm and fores... pharmaceuticals, and oth... array of exciting new bus... other businesses in rural... waste products, new eco... opportunities. They also... improve air quality, wate... production of greenhouse... comprehensive national... stimulate the creation an... bioenergy cost-competiti...

Sec. 2. Establishment... established the Interagen... Council shall be compos... the Administrator of the... Management and Budget... the National Science Fou... relevant agencies as may... Council through designe... head (Assistant Secretary...

"目前生物基产品和生物质能源技术有潜力将可再生农林业资源转换成能满足人类需求的电能、燃料、化学物质、药物及其他物质的主要来源。这些领域的技术进步能在美国乡村给农民、林业者、牧场主和商人带来大量新的、鼓舞人心的商业和雇佣机会，为农林业废弃物建立新的市场，给未被充分利用的土地带来经济机会，以及减少我国对进口石油的依赖和温室气体的排放，改善空气和水的质量。"

(b) The Secretary of Agriculture and the Secretary of Energy shall serve as Co-Chairs of the Council.

(c) The Council shall prepare annually a strategic plan for the President outlining overall national goals in the development and use of biobased products and bioenergy in an environmentally sound manner and how these goals can best be achieved through Federal programs and integrated planning. The goals shall include promoting national economic growth with specific attention to rural economic interests, energy security, and environmental sustainability and protection. These strategic plans shall be compatible with the national goal of producing safe and affordable supplies of food,

A-2

美国《生物质技术路线图》
提出了一个雄心勃勃的目标（2020）：

◆生物基产品和能源到2010年增加3倍，2020年增加10倍；
生物燃油取代全国燃油消费量的10%（2050年达50%）。

◆取代全国石化原料制成材料的25%。

◆减少相当于7 000万辆汽车的碳排放量（1亿吨）。

◆为农民增收200亿美元／年。

> "这份报告预示了一个充满活力的新行业将在美国出现，它将提高我们的能源安全、环境质量和农村经济，它将生产我们国家相当大一部分的电力、燃料和化学品。"

　　要像阿波罗登月计划那样，整合这个行业是一项意义深远的挑战，需要大胆的想象力，在多个科技前沿领域同时取得进展，在基础设施和市场开发上大量投资，提供政策和教育上的大力支持。路线图的制定者相信，成功的回报将是巨大的，它将是未来人类事业的基础。

　　　　　　　　——美国《生物质技术路线图》，2002

HIGHLIGHTS OF THE BIPARTISAN ENERGY BILL

布什的二次推动 ntains the following key

2005年8月8日布什签署的《美国国家节能政策法案》中的乙醇训令：燃料制造商到2012年必须生产75亿加仑乙醇和柴油。将原计划（1 635万吨/年）提高了38%

♦ The Farm Bureau estimates that the ethanol provisions
  ▪ Reduces crude oil imports by 2 billion barrels and reduce the outflow of dollars largely to foreign oil producers by $64 billion;
  ▪ Creates 234,840 new jobs in all sectors of the U.S. economy;
  ▪ Increases U.S. household income by $43 billion;
  ▪ Adds $200 billion to GDP between 2005-2012;
  ▪ Creates $6 billion in new investment in renewable fuel production facilities; and
  ▪ Results in the spending of $70 billion on goods and services required to produce 7.5 billion gallons of ethanol and biodiesel by 2012.

Efficiency and Conservation in Home and Commercial Businesses:

Bush pushes fix for oil 'addiction' 〈2006年01月31日〉

President says technological advances will cure dependency
Wednesday, February 1, 2006; Posted: 5:52 a.m. EST (10:52 GMT)

"美国要保持领先地位就必须有足够的能源，当前我们存在的一个严重问题就是使用石油'上瘾'，而这些石油是从世界上不稳定地区进口的。"

President Bush: "Here we have a serious problem: America is addicted to oil."

最好的办法就是依靠技术进步去打破这种对石油的过分依赖，摆脱石油经济，让依赖中东石油成为历史"。"我们的一个伟大目标是：到2025年，替代75%的中东石油进口。"

《联合国气候变化框架公约〈京都议定书〉》规定2008—2012年欧盟减排CO_2 8%，欧盟规定2010年生物柴油在柴油中的添加比例将由2005年的2%提高到5.75%，需求量将相应地从2005年的490万吨提高到2010年的1 400万吨。

欧盟正在制订"生物质行动计划"(Biomass Action Plan) 2010目标是使生物燃油取代石油的10%，中长期目标是50%。

——2006年世界生物质能源大会
(2006.5.30—6.1.)

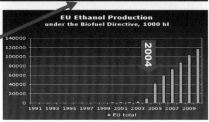

替代车用汽油的目标是：2005年为2%，2010年为5%，2020年为15%

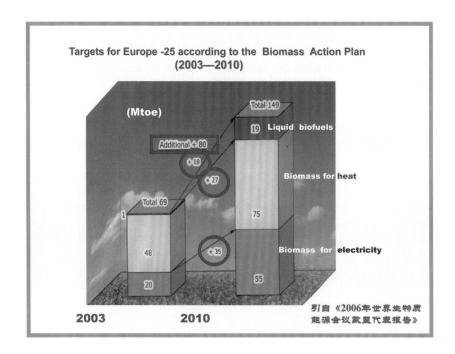

Targets for Europe -25 according to the Biomass Action Plan (2003—2010)

引自《2006年世界生物质能源会议欧盟代表报告》

瑞典

◉ 在1970年能源结构中，石油占77%；在2003年能源结构中，石油占32%

◉ 生物质能紧排在核能（34%）和石油（29%）之后（16%），风能和太阳能占0.1%。

◉ 全国15%的房屋取暖靠生物质，人均颗粒燃料130公斤（2003）

◉ "2020年瑞典进入告别石油的时代"（2006）

"至2010年，德国将可再生能源在总能源消耗量内占的比例提高两倍，2050年要占到50%。一个最快又最廉价能提供可替代化石燃料的办法就是生物质燃料，并以此提高农民的收入，在德国，已有100万公顷，相当于8.6%的耕地种植了能源植物。"

Renate Kuenast，2004

巴西

2005年乙醇产量1 250万吨，70%的汽车使用E85或E20乙醇汽油，约1 900万辆，是世界上唯一在全国不供应纯汽油的国家。计划2025年乙醇产量达到7 200万吨，远景为3.2亿吨。

◇印度从2006年4月1日起强制在全国汽油中添加5%乙醇，乙醇由盛产甘蔗的9个邦提供。

◇日本已开始执行在汽油中添加5%乙醇的计划，主要从巴西进口。

春江水暖鸭先知，企业快速跟进

两个世界顶级的石油公司，荷兰皇家壳牌石油公司和英国石油公司/美国国际石油公司都开始了生物质等可再生能源的大量投入；BASF于2003年7月宣布，将以可再生生物质资源为原料生产化工产品。

❀ 美国Cargill-Dow和DuPont两公司剥离石油资产，购买生物技术公司和组织农业综合企业。
❀ DuPont将2010年销售额的25%定位于生物质产品
❀ 美国的森林工业已开始与电力、石油、化工公司合作，利用林木废弃物生产能源及化工产品。

生物基塑料

日本丰田公司用白薯淀粉塑料制成了汽车配件，发表了《白薯拯救地球》的文章。

美国Cargill-Dow公司的杯盘瓶盒等生活用品以及纺布成衣

由玉米淀粉加工而成的生物降解塑料，富士通公司已用于电脑机壳。

斯达其泰克公司和 KTM 公司的包装材料

Cargill-Dow公司于2001年建成由玉米淀粉发酵年产14万吨聚乳酸（PLA）和其他多种聚合物塑料，使人类领略了未来生物质的巨大潜力。

Biomass Research and Development Technical Advisory Committee, 2002

以玉米淀粉为原料的PLA生物材料在美国已经商业启动"我们刚刚开始看到它在制造业的所有部门中得到应用，这可能会彻底改造旧经济"，"用转基因作物和家畜改变了农业，现在它正在改造工业"。

　　"石油的'能源之王'地位也许不久就会遭到废黜。如今，农田作物有可能逐渐取代石油成为获得从燃料到塑料的所有物质的来源。'黑金'也许会被'绿金'取代"。

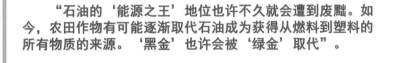

"在今后的25年内，工业农场主将能种植出足够的燃料和原料，从而我们几乎可以不再依赖外国石油。专家估计，利用5 000万英亩尚未得到利用的农田，美国最终每年可以生产750亿加仑乙醇，而我们目前每年利用进口石油提炼的汽油的总量为700亿加仑"。

我国发展生物质能源的战略与目标

需求与资源
思路与原则
主产品定位
中期目标：**2020**

在我国，发展生物质能源不仅有利于缓解能源紧张和减轻环境压力，其特殊意义还在于对缓解"三农"问题可以起着重要的推动作用。

◇ 发展农村经济，增加农民收入。

◇ 推动农村工业化、城镇化、富余劳动力转移；提高农村能源消费质量和新农村建设。

◇ 基本解决秸秆露地焚烧、畜禽粪便和塑料地膜三大污染源的无害化和资源化。

我国的农林等有机废弃物年产出实物量为20.29亿吨，
其中可用于生物质生产的实物量为13.24亿吨
（折3.82亿吨标煤），可用量是资源总量的65%。

作物秸秆51.3%　畜禽粪便19.6%　林业剩余物18.6%　工业废弃物10.5%

我国主要有机废弃物的年产生量及可用量

有机废弃物	实物量/折标煤（亿吨）	可用率（%）	可用量/折标煤（亿吨）	可用率（%）
1. 作物秸秆	6.49/3.27	60	3.90/1.96	51.3
2. 畜禽粪便	10.22/1.07	70	7.15/0.75	19.6
3. 采伐及加工林余物	0.78/0.44	100	0.78/0.44	11.5
4. 采集育林薪柴	0.48/0.27	100	0.48/0.27	7.1
5. 工业废弃物	0.77/0.40	80	0.62/0.32	8.4
6. 生物能加工废弃物	—/0.03	100	—/0.03	0.8
7. 城市垃圾	1.55/0.27	20	0.31/0.05	1.3
累计	20.29/5.75	—	13.24/3.82	100.0

注：工业废弃物取自统计年鉴，生物能加工废弃物仅按木薯乙醇产生的废液和甘蔗废糖蜜计；城市垃圾按其中有机垃圾设计；各类废弃物所占%按标煤计。

可用于能源生产的边际性土地面积为6432万公顷
现有薪炭林、木本油料林及灌木林面积5176万公顷
合计面积11 608 万公顷，年产能潜力为4.15 亿吨

我国边际性土地资源状况及能源产出潜力

土地类型	特性	总面积（万公顷）(%)	适种能源植物类型	分面积（万公顷）	产出率吨标煤（公顷）	产出标煤（万吨）
Ⅰ类地	地形土质条件较好	2 136 (15.9%)	北：甜高粱类 南：薯类甘蔗	1 429 707	4.0 5.0	5 716 3 535
Ⅱ类地	荒山坡地土层较薄	3 596 (26.8%)	北：能源灌木 南：能源灌木	1 575 2 021	3.0 3.5	4 725 8 084
Ⅲ类地	半干旱沙地	700 (5.2%)	沙地旱生灌木	700	2.5	1 750
Ⅳ类地	地形土质条件较差	1 822 (13.6%)	暂不利用	1 822	0	0
Ⅴ类地	条件较好的有林地	5 176 (38.5%)	薪炭林 灌木林 油料林	303 4 530 343	4.2 3.5 1.5	1 273 15 855 515
合计	—	13 430	—	13 430	—	41 453

甜高粱：5～6吨乙醇/公顷

甘蔗：6～8吨乙醇/公顷

旱生灌木：4～5吨标煤/公顷

能源植物
资源

木薯：6～8吨乙醇/公顷

战略思路和原则

一矢三的，重在三农；
不争粮地，可以持续；
多元发展，因地制宜；
突出重点，带动一般。

五大战略产品
（按重要性排序）

燃料乙醇
　　成型燃料
　　　　工业沼气
　　　　　生物塑料
　　　　　　生物柴油

---

1 燃料乙醇

已有30多年发展历史，全球有近3 000万吨生产规模，预计2010年将达到5 000万吨。技术成熟、商业化运行系统完善是目前最现实和可以大规模替代化石能源，美国、欧洲等重点发展和快速增长的一种产品。

E85和FFVs的出现对燃料乙醇"如虎添翼"

E85
（85%乙醇、15%汽油）

+

FFVs
（美国已有600万辆上路，巴西220万辆）

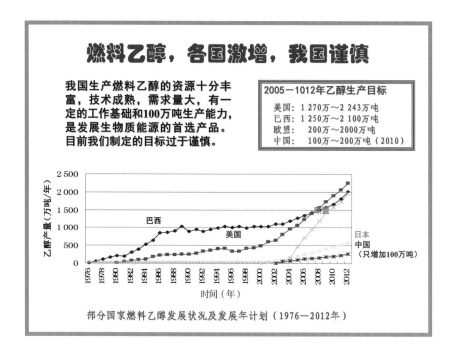

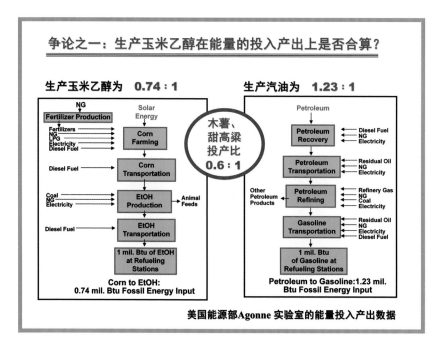

争论之二：美国的3亿公顷耕地都种玉米也不够乙醇生产之需

"Cutting-edge methods of producing ethanol, not just from corn but from wood chips, stalks or switch grass. Our goal is to make this new kind of ethanol practical and competitive within six years."

——George W. Bush

布什在2006年1月的国情咨文演说中宣布：6年内（2012年）技术创新不仅使玉米乙醇具有经济效益，而且让纤维素乙醇生产成为现实并具有经济竞争性。

美国加州大学Berkeley分校的学者的最新研究结果：纤维素乙醇的能量投产比为1：10。美国目前的纤维素资源具有3.4亿吨纤维素乙醇生产潜力

中国发展生物质能源的"红线"是不与农业争粮争地

成型燃料

广泛用于家庭、小区和工业锅炉的供热和发电，瑞典的成型燃料已占到全国集中供热的20%。

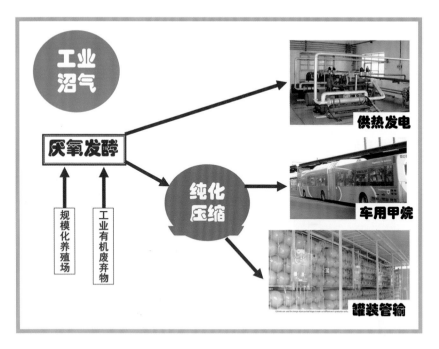

车用甲烷

瑞典有沼气公交车、出租车、轿车

汽油桶：SKr11.8/升
车用甲烷：SKr8.65/标准立方米=SKr7.85/升汽油

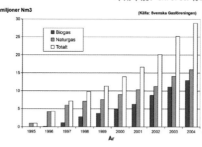

石油基塑料因不能被降解而导致"白色污染"，生物塑料是指以生物质为原料和能完全降解的新型材料，是20世纪80年代以来世界科技攻关和产业化发展的热点。

● 日本丰田公司以白薯淀粉成功生产汽车配件(2002)。
● 日本富士通公司以玉米淀粉成功生产电脑机壳(2004)。
● 美国斯达其泰克公司生产包装材料。
● 美国卡吉尔道公司于2001年建成年产14万吨的(玉米淀粉)聚乳酸PLA及多种聚脂,生产了生活用品和成衣。

以玉米淀粉为原料的PLA生物材料在美国已经商业启动,我们开始看到它在制造业的所有部门中得到应用，这可能会彻底改造旧经济,用转基因作物和家畜改变了农业，现在它正在改造工业

——美国《华盛顿邮报》，2002.5.3.

我国年塑料消费量为1 847万吨（2004），每年还有1.5亿亩农田因地膜覆盖而使土壤肥力下降。每年要消耗约2 000万吨的原油用于塑料生产。我国采用淀粉与合成降解材料复合的技术路线已取得突破性进展。

淀粉基热塑化生物降解产品已批量出口

生物柴油的世界产量约350万吨。
欧盟是油菜籽柴油。
美国是大豆柴油。
澳大利亚是动物脂肪柴油。
日本是厨余垃圾油。
马来西亚是棕榈油。

影响生物柴油大规模发展的主要制约因素是油脂原料缺乏和价格较高。目前国内外正在攻克以木质纤维素为原料，气化后经FT合成（FT柴油）以及热裂解（TDP）或催化裂解（CDP）得到生物柴油的技术。

生物柴油

目前我国有可能作为原料油脂的有棉区的棉籽油、木本油料植物、城市垃圾油脂、利用南方冬闲田种植油菜等，这些原料油脂均有较大潜力。

我国具有国际领先水平的生物柴油合成技术，如不使用催化剂的高压醇解技术、固体碱催化技术，酶催化合成生物柴油技术也将进入中间试验阶段。

厨余垃圾油

生物柴油

中期目标

年产1亿吨的生物质油田(2020)

生物乙醇、生物柴油、车用甲烷和生物塑料四项产品可年替代石油5 983万吨；成型燃料和沼气/生物质供热发电两项产品可年替代煤炭5 891万吨，合计折原油10 166万吨。

完成2 300万吨生物乙醇、1 200万吨生物塑料和8 000万吨成型燃料即可实现77%的目标。

目标产品	发展目标	折标煤（万吨）	折原油（万吨）	比例（%）
燃料乙醇及衍生产品（万吨）	2 300	—	3 088	30. 4
生物柴油及共生产品（万吨）	500	—	714	7. 0
车用甲烷（米³）	60	—	696	6. 8
生物塑料（万吨）	1 200	—	1 320	13. 0
化工产品（万吨）	150	—	165	1. 6
成型燃料（万吨）	8 000	4 800	3 408	33. 5
生物质/沼气供热发电（亿千瓦时）	360	1 091	775	7. 6
累计		5 891	10 166	100

实现产品目标的原料资源配置方案

为实现产品目标，根据我国资源特点，提出了原料资源的优化配置方案。

发展目标	动用资源类型	动用资源量	占该资源比例（%）
燃料乙醇及衍生产品 2 300（万吨）	I类边际性土地及能源作物 薯类低产农田 秸秆类	450（万公顷） 200（万吨） 500（万吨）	21.1 4.1 1.0
生物柴油及共生产品 500（万吨）	油脂类能源植物	—	—
车用甲醇60（亿米³）	畜禽粪便等	6 000（万吨）	8.4
可生物降解塑料 1 200（万吨）	I类边际性土地 薯类低产农田	100（万公顷） 100（万吨）	4.7 2.0
化工产品150（万吨）	同上燃料乙醇	33（万公顷）	1.6
成型燃料4 000（万吨）	II类边际性土地 III类边际性土地 V类边际性土地 秸秆及林余物	400（万公顷） 350（万公顷） 600（万公顷） 4 800（万吨）	11.1 50.0 11.6 8.9
生物质/沼气供热发电 280（亿千瓦时）	同上成型燃料 畜禽粪便等	550（万公顷） 7 700（万吨）	5.8 10.8
累计	I类边际性土地 其它边际性土地 薯类低产农田 秸秆、林余物 畜禽粪便等	340（万公顷） 1 350（万公顷） 300（万吨） 5 300（万吨） 13 700（万吨）	25.8 19.9 6.2 10.3 19.2

分项产品可行性分析
（资源保障度、技术成熟度、市场竞争力、市场空间）

◆ 资源动用量占可用总资源量的1/7，各分项资源量的动用率为10%～20%，资源保障度高。

◆ 技术成熟度和商业化运作程度高，成本竞争力较强，市场空间很大。

◆ 直接替代车用液体燃料的指标是2 800万吨，其中1 700万吨燃料乙醇，只是美国和巴西于2008年前后的产量水平。在我国仅是广西壮族自治区提出的2010年生产乙醇200万吨和2015年达到600万吨的目标，即相当于本方案2020年目标的1/4。

◆ 只要完成了生物乙醇、成型燃料和生物塑料三项可行性很高的产品指标，就完成了总指标的77%。

中国年产1亿吨的生物质油田分区概况

油田分区	区域覆盖	温度区域	湿度状况	主要能源产品系列
干旱区西北绿色油田	新甘、青甘、蒙西	中温带、暖温带	干旱	甜高粱燃料乙醇（灌区） 棉籽油生物柴油
半干旱区西北绿色油田	内蒙古动中部、黄土高原	中温带	半干旱	灌木成型燃料（沙地） 甜高粱燃料乙醇（旱作）
东北绿色油田	东北三省	中温带、寒温带	湿润、半湿润	甜高粱燃料乙醇（旱作） 规模畜牧场沼气 林余物/秸秆成型燃料
黄淮海平原绿色油田	黄淮海平原 渭河谷地	暖温带	半湿润	甜高粱燃料乙醇（滨海低质地） 糠醛－纤维素乙醇 秸秆成型燃料
长（珠）江中下游绿色油田	长（珠）江中下游、海南岛、台湾	亚热带、热带	湿润	薯类燃料乙醇 加工业废弃物沼气 用材林剩余物成型燃料 冬闲田油菜生物柴油
西南绿色油田	西南诸省、川藏、藏南	亚热带	湿润、半湿润	木薯燃料乙醇 加工业/农业废弃物沼气 木本油料生物柴油
青藏高寒区	藏北	高原气候区	干旱	没有资料

早觉悟　早起步

—— 温家宝总理，2006年4月20日

我国生物质能源发展战略与前景

　　生物质能源是以农林等有机废弃物以及利用边际性土地种植的能源植物为原料生产的一种可再生清洁能源。

　　在化石能源渐趋枯竭、环境压力日益加大、需求和油价持续上升以及世界能源资源争夺愈演愈烈的时代背景下，寻求可再生清洁能源和能源的多元化已成世界发展之大势。在众多可再生能源和新能源中，生物质能源能够脱颖而出在于它的实现性和可以大规模替代化石能源；除具能源功能外，还可以从事上千种的材料和生物化工产品的生产；可以使农林等有机废弃物无害化、资源化和使尚无经济价值的边际性土地成为能源基地；可以发展农村经济，增加农民收入，推进农村工业化、城镇化和新农村建设。所有这些都是风能、太阳能、核能等做不到的。

　　1999 年 08 月，美国发布了关于《开发和推进生物基产品和生物质能源》的总统令，提出"目前生物基产品和生物质能源技术有潜力将可再生农林业资源转换成能满足人类需求的电能、燃料、化学物质、药物及其他物质的主要来源。这些领域的技术进步能在美国乡村给农民、林业者、牧场主和商人带来大量新的、鼓舞人心的商业和雇佣机会；为农林业废弃物建立新的市场；给未被充分利用的土地带来经济机会以及减少我国对进口石油的依赖和温室气体的排放，改善空气和水的质量"，还提出"到 2010 年生物基产品和生物质能源增加 3 倍，2020 年增加 10 倍以及每年为农民和乡村经济新增 200 亿美元的收入和减少 1 亿吨碳排放量"的宏大目标。

　　从此，生物质能源在美国和世界许多国家兴起，美国国会通过了《生物质研发法案》《生物质技术路线图》，成立了"生物质项目办公室"及生物质技术咨询委员会。《生物质技术路线图》预言，"这份报告预示了一个充满活力的新行业将在美国出现，它将提高我们的能源安全、环境质量和农村经济，它将生产我们国家相当大一部分的电力、燃料、化学品和其他关键性产品"；要"像阿波罗登月计划那样，整合这个行业是一项意义深远的挑战，路线图的制定者相信，成功的回报将是巨大的，它是未来人类事业的基础"。2004 年美国燃料乙醇突破了 1 000 万吨，2005 年达到 1 270 万吨。

　　2006 年 01 月布什在国情咨文中提出："当前我们存在的一个严重问题就是使用石油'上瘾'，最好的办法就是依靠技术进步去打破这种对石油的过分依赖，摆脱石油经济，让依赖中东石油成为历史，我们的一个伟大目标是到 2025 年，替代 75％的中东石油进口。"在 2005 年 08 月通过的《美国国家节能政策法案》中要求 2012 年必须在汽油中加入 2 250 万吨 / 年燃料乙醇，将原计划又调高了 37%。美国国家科学院在给美国总统的报告中说："生物基产品最终能满足大于 90% 的美国有机化学消耗和达到 50% 的液体燃料需要。"

欧盟规定生物柴油在柴油中的添加比例由 2005 年的 2% 提高到 2010 年的 5.75%，需求量由 2005 年的 490 万吨增加到 2010 年的 1 400 万吨，5 年增长近两倍；燃料乙醇由 2005 年的 100 万吨提高到 2012 年的 2 000 万吨左右。将生物燃油替代车用汽油的原计划指标（2010 年）由 5% 调高到 10%。

巴西是生物乙醇生产大国，2005 年产量 1250 万吨，出口 205 万吨，全国只供应 E85 和 E20 乙醇汽油而不供应纯汽油，计划 2025 年产量为 7 200 万吨，远景是 3.2 亿吨。印度和日本也于 2006 年在全国实行使用 E5 乙醇汽油的强制性政策。

正如德国可再生能源委员会总协调人 N.E. Bassam 指出"在可再生能源家族中，现实可行的能源是生物质能源"，它可以直接和大规模地对化石液体燃料进行替代。

我国发展生物质能源不仅能缓解能源紧张和减轻环境压力，具有特殊意义，而且对解决我国"三农"问题可以起着实质性的推动作用。

我国的生物质资源十分丰富，根据我们的最新研究，我国的农林等有机废弃物年产出实物量为 20.29 亿吨，其中可用于生物质生产的实物量为 13.24 亿吨，折算为 3.82 亿吨标煤，即可用量是实物量的 65%。据国土资源部 2002 年的调查资料，我国后备土地资源面积为 8 874 万公顷，去掉难度较大及保护性土地，可用于能源生产的面积为 6 432 万公顷，年产出能量折 2.38 亿吨标煤。据国家林业局 2005 年发布的资料，我国薪炭林、木本油料林和能源灌木林面积分别为 303 万公顷、343 万公顷和 4 530 万公顷，即现有能源林地面积为 5 176 万公顷，可年产出能量折 1.76 亿吨标煤。以上两项合计面积 11 608 万公顷（与现耕地面积相当），年产能潜力为 4.15 亿吨标煤。目前我国已经拥有了一批可以产业化生产的能源植物，如南方的薯类和甘蔗，北方的甜高粱、旱生灌木以及在我国广大地区可以发展的木本油料等油料植物。

根据我们的最新研究，在现有资料的基础上，基本搞清楚了我国生物质能源生产的资源状况，详情可参见中国工程院的《中国生物质资源与产业化战略研究报告》。

根据我国的实际情况和借鉴国外经验，我国发展生物质能源的战略思路和原则是：一矢三的，重在三农；不争粮地，可以持续；多元发展，因地制宜；突出重点，带动一般。据此，在国家层面上，定位的五大战略产品是（按重要性排序）：燃料乙醇、成型燃料、工业沼气、生物塑料和生物柴油。

燃料乙醇已有 30 多年的发展历史，全球有近 3 000 万吨生产规模，预计 2010 年将达到 5 000 万吨。燃料乙醇不仅技术成熟度高，而且有 E85 的汽油乙醇和已经上路的 600 万辆"灵活燃料汽车"FFVs 与之相配合,商业化运行系统已趋完善,是目前最现实和可以大规模替代化石能源的一种产品。它也是美国、巴西等国家以及欧盟今后重点发展的一种产品。我国生产燃料乙醇的资源(木薯、甘蔗、甜高粱等)十分丰富,技术成熟,有一定工作基础,还能以燃料乙醇为原料生产生物乙烯等一系列下游生物化工产品。

成型燃料在欧洲一些国家已进行大规模生产和商业化运作,技术和设备成熟,被广泛用于家庭、小区和工业锅炉的供热和发电,瑞典的成型燃料已占全国集中供热的 20%,热电联产(CHP)能效可在 90% 以上。成型燃料的技术和设备相对简单,投资少成本低,见效快效益好,宜于农村中小规模生产,有利于农民增收,特别适合我国国情。我国生活和工业用普通锅炉的煤炭年消费量约 8 亿吨,热效率低、污染严重、零星分散,是成型燃料替代的重要对象。

工业沼气是指规模化和工业化生产的商品性沼气,如供热发电,纯化压缩后作为车用燃料或管输灌装替代液化天然气。从沼气的规模化生产到产品加工的技术和设备成熟,经济可行,并已进入商业化运作。在瑞典,70% 以上的公交车和出租车使用沼气,全国使用沼气的轿车已超过 5 000 辆,斯德哥尔摩至海滨的火车和全市居民使用的都是工业沼气。我国能规模化生产沼气的畜禽粪便仅为总量的 12%,约折 900 万吨标煤,工业有机废弃物资源量达 3 500 万吨标煤。

生物塑料是指以生物为原料和能完全降解的新型材料。石油基塑料 300 年也不能被降解,且能导致"白色污染",我国每年有 1.5 亿亩农田使用石油基地膜覆盖,导致了土壤肥力下降。2004 年塑料消费量为 1 847 万吨,耗用 2 000 万吨原油,生物塑料可减少原油消费,防治"白色污染"和农田退化。美国 Cargill 公司和 DuPont 公司生产的玉米基塑料成本已接近石油基塑料,我国采用淀粉与合成降解材料复合的技术路线已取得突破性进展,将逐步取代石油基塑料制品。

生物柴油是一种优质清洁柴油,2005 年欧盟生产了 300 万吨油菜柴油,美国生产了 25 万吨大豆柴油。影响生物柴油大规模发展的主要制约因素是油脂原料缺、价格高。目前我国有可能作为原料油脂的有棉籽油、木本油料植物、城市垃圾油脂、利用南方冬闲田种植油菜等。目前国内外正在攻克以木质纤维素为原料,气化后经 FT 合成生物柴油(FT 柴油)、热裂解(TDP)或催化裂解(CDP)得到生物柴油的技术。

我国发展生物质能源的中期(2020 年)目标建议是:2 300 万吨生物乙醇(含下游产品 600 万吨)、生物柴油及共生产品 500 万吨、车用甲烷 60 亿米^3(相当于 700 万吨标油)、生物塑料 1 200 万吨,四者可年替代石油 5 983 万吨。另外,成型燃料 8 000 万吨和沼气 / 生物质供热发电 360 亿千瓦时,可年替代煤炭 5 891 万吨,二者合计 10 166 万吨油当量,故可称之为"年产 1 亿吨的生物质油田"方案,它相当于 2020 年我国预计石油产量的 45%、当年消费量的 22% 或进口量的35%。

从资源保障度、技术成熟度、成本竞争力和市场空间四个方面对五个产品的目标，逐一进行可行性分析。结论之一是资源动用量占可用总资源量的1/7，各分项资源量的动用率为10%～20%，故资源保障度高。结论之二是燃料乙醇、工业沼气和成型燃料的产业化技术成熟度及商业化运作程度高，生物塑料即将取得技术突破，二代技术正在攻克中。结论之三是只要完成了生物乙醇、成型燃料和生物塑料三项产品指标，就完成了总指标的77%。结论之四是可直接替代车用液体燃料的指标2 800万吨，其中1 700万吨燃料乙醇只是美国和巴西2008年前后的产量水平，在我国，除已有100万吨年生产能力外，仅是广西壮族自治区提出的2010年生产乙醇200万吨和2015达到600万吨的目标，即相当于本方案2020年目标的1/4。结论之五是成本竞争力较强和市场空间极大。

2005年通过的《中华人民共和国可再生能源法》提出"国家鼓励清洁、高效地开发利用生物质燃料，鼓励发展能源作物"。"十一五"规划纲要提出"加快开发生物质能，扩大生物质固体成型燃料、燃料乙醇和生物柴油生产能力"。国家发改委、财政部、农业部、科技部、林业局等国家部委局都十分重视和正在制订实施计划。中石油、中石化、中海油、中粮等大型国有公司和一些民营企业积极响应和正在行动。生物质资源丰富的广西、新疆、山东等地区或正在制订发展计划。

2006年04月，温家宝总理在国家能源领导小组会议上就发展可再生能源和生物质能源时说："在这个问题上，我们应当早觉悟，早行动。"在发展我国生物质能源上，当前最需要的是在国家战略层面上有一个"登高一呼"的国家计划和全面而有力的实际推动。

我国以化石能源为主的能源结构向着多元化和可持续的结构优化转换是一个长期而艰巨的过程，在大力节约能源的基础上，核能、水能、生物质能、风能、太阳能等各种可再生能源和新能源都是能源大家庭中的新成员，都要积极推进，多做贡献，快做贡献。可再生能源和新能源在我国刚刚起步，既要积极，又要稳妥，借鉴发达国家的经验特别重要，可以使我们少走弯路。

"谋而后动"，希望"谋"中发扬民主，广泛听取意见，基本成熟的，"当断则断"，大力采取行动，加快推进。

二维码19

二维码20

二维码21

8 感悟农业

（2008 年 03 月 16 日，北京，中国农业大学）

【背景】

2008 年 03 月 16 日，中国农业大学"名家论坛"组织了一场别开生面的报告会，我讲"感悟农业"。我从"牛仔粉丝到农业工作者（1949—2008）"讲起，讲到古代农业、近代农业和现代农业，讲到"三农困境"和农业的"后现代化"，最后讲到 1949—2009 的 60 年里，我目睹了中国农村之贫困和落后；我感受了中国农民之勤劳与艰辛；我经历了中国农村的巨变和农业的长足发展；我见证了中国几千年粮食不能自给历史的终结；我看过苏联的集体农庄和美国的家庭农场；我感悟着现代农业并为她而欢呼与呐喊；我为中国"三农"困境而困惑与求解；我思考着农业的未来；我期待着年轻一代的农业工作者在中国农业的历史转型中建功立业；我盼望着中国农大学子快快成长。

感悟农业

中国农大，2008年03月16日

从牛仔粉丝到农业工作者
（1949—2008）

辉煌—边缘化—转机—更加辉煌

　　☀ 辉煌的农业文明（辉煌）
　　☀ 百年近代农业（边缘化）
　　☀ 感悟现代农业（转机）
　　☀ 解读"三农"困境（转机）
　　☀ 农业的后现代化（更加辉煌）

辉煌的农业文明

农业，曾经是
　　最重要和最受崇敬的事业

辉煌的农业文明

大田多稼，既种既戒，既备乃事。以我覃耜，俶载南亩。播厥百谷，既庭且硕，曾孙是若。既方既皁，既坚既好，不稂不莠。去其螟螣，及其蟊贼，无害我田稚。田祖有神，秉畀炎火。有渰萋萋，兴雨祈祈。雨我公田，遂及我私。彼有不获稚，此有不敛穧，彼有遗秉，此有滞穗，伊寡妇之利。曾孙来止，以其妇子。馌彼南亩，田畯至喜。来方禋祀，以其骍黑，与其黍稷。以享以祀，以介景福。

《诗经·小雅》

辉煌的农业文明 公元前1世纪罗马兴起对农村生活的歌颂

"他是个各方面都很有教养的人，也被认为是罗马在农业方面的最大权威。由于他经营得好，他的田庄比别人的宫殿式的建筑还要好看，因为人们来参观田庄的房舍，看到的不是路库路斯家那样的画廊，而是满藏着果实的仓房。有我们朋友的果园，在那里果子当作金子卖。"

辉煌的农业文明

—— 田园诗、悯农诗、耕织诗、歌谣、童谣

"土地平旷，屋舍俨然，有良田美池桑竹之属。
阡陌交通，鸡犬相闻，"

"锄禾日当午，汗滴禾下土。
谁知盘中餐，粒粒皆辛苦。"

"今我何功德，曾不事农桑，利禄三百石，
岁晏有余粮，念此私自愧，尽日不能忘"

辉煌的农业文明

康乾盛世的
三帝御制亲题《耕织图》

耕织诗

织

织女工夫午夜多，
莫将容易看丝罗。
银钉照处方成寸，
已自循环掷万梭。

北京"九坛"

天　　坛
地　　坛
日　　坛
月　　坛
社稷坛
祈谷坛
先农坛
先蚕坛
太岁坛

"封土立社，示有上尊。稷五谷之长，故封稷而祭之。"

辉煌的农业文明 —— 中华优秀传统农业甲天下

"夫稼,为之者人也,生之者地也,养之者天也。"

- "三宜"论:"物宜、时宜、地宜""顺天时,量地利,用力少而成功多,任情返道,劳而无获"
- 地力常新论:"地可使肥,也可使棘""尽地力之教""勤谨治田""深耕细锄,厚加粪壤,勉致人工,以助地力"
- 细作论:"耕、耙、耱、压、锄""耕、耙、耖、耘、耥""勤耕多粪,少种多收"《沈氏农书》。
- 相生论:"相继以生成,相资以利用";从论作倒茬、间混套作到"桑基鱼塘"。
- 循环论:"云气西行,云云然,冬夏不辍;水泉东流,日夜不休。上不竭,下不满,小为大,重为轻,圆道也。"

百年近代农业

在工业社会,农业被边缘化了,
但它却在默默地奉献着,演变着

百年近代农业 近代农业科学和技术上
发生的三件大事——化肥

李比希矿质营养学说和养分归还学说

" 仅仅一门化学，甚至仅仅亨利弗利爵士和李比希二人，就使本世纪的
农业获得了怎样的成就。"

" 德国的新农业化学，特别是李比希与申拜因，对这件事，比经济学家加
起来还重要。"

——马克思

百年近代农业 近代农业科学和技术
发生的三件大事——拖拉机

1902年，哈特和帕尔制造了世界上的
第一台拖拉机。

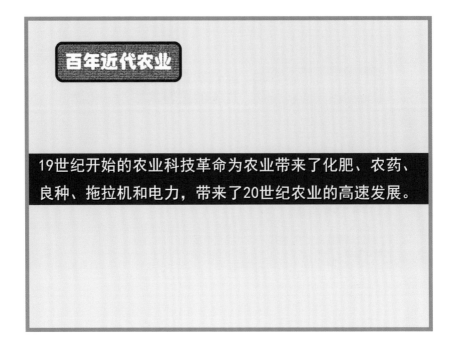

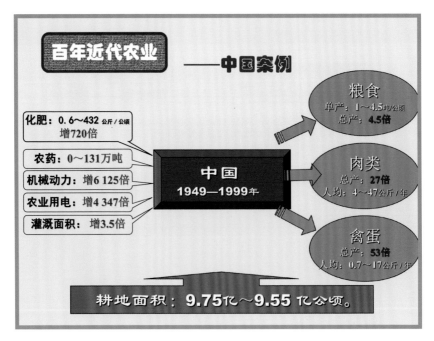

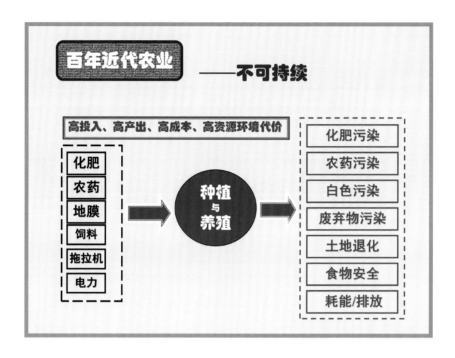

农业出现转机，
迎来了时代的机遇和自身的巨变。

时代的机遇

时代的理念——可持续发展。
时代的更迭——不可再生资源向可再生资源的更迭。

自身的巨变

以生物技术和信息技术为主导的新的农业科技革命
发达市场经济推动下的三元农业产业结构革命。

感谢给我的学习机会：
1994—2000年　　S-863计划专家组。
1997—2002年　　973计划专家组。
2003—2004年　　国家中长期科学和技术发展规划。

感悟现代农业 ——时代的理念：可持续发展

1962年，蕾切尔·卡逊出版了《寂静的春天》。

1972年，联合国在斯德哥尔摩召开的第一次人类环境大会上提交了一份由58个国家、152位成员编写的报告《只有一个地球》。

1987年，以挪威首相布伦特兰夫人为首的22人国际委员会向联合国提交的《我们共同的未来》报告提出了"全球正面临人口、资源、食物和环境的严重挑战"。

1981年，L.布朗在他的《建立一个可持续的社会》一书提出："我们现在不是在前辈手中继承地球，而是向子孙后代借用地球"。

1992年，联合国在巴西里约召开了世界环境与发展的首脑峰会，通过了全球性纲领文件《21世纪议程》及《联合国气候变化框架公约》。

1992年，可持续发展的《登博斯宣言》。

感悟现代农业  ——时代的理念：可持续发展

对农作制的全生命周期综合评价体系：

效率评价：**WUE、FUE、PUE、PSUE。**
环境评价：**FER、GHG、NEB**
生态评价：土地退化、生物多样性、可持续性。
经济评价：投入成本、环境成本。

构建一个高效率低影响的、技术高度密集和可持续的农业生态系统
——中国传统农业的"三生论"与精耕细作的回归与现代化。

感悟现代农业 ——时代的理念：可持续发展

From: Agricultural System Models, 2002

感悟现代农业 ——两个重大科学事件与新的农业科技革命

DNA双螺旋结构的发现　　　　　　　计算机和信息技术的出现

全球兴起的
生物技术和信息技术
正在引发一次
新的农业科技革命
——1995年

感悟现代农业 ——两个重大科学事件与新的农业科技革命

生物技术正在引发农业科技的一场深刻而广泛的革命

- 由细胞生物学到分子生物学。

- 由遗传理论到遗传工程——基因工程、蛋白质工程、细胞工程、胚胎工程、酶工程等。

- 可以对生物的遗传信息进行实验室操作；可以在动物、植物、微生物，即所有物种间作基因转移与重组，可以作遗传改良工程设计；可以注入，也可以产出作物原来没有的某些新特性。

- 覆盖了种植、养殖和加工；育种、施肥、灌溉、植保和栽培等几乎农业领域的各个部分和环节。

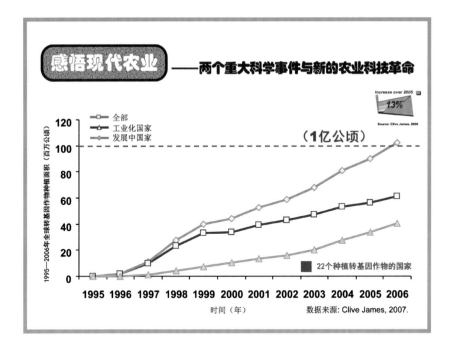

感悟现代农业——两个重大科学事件与新的农业科技革命

农业呼唤信息技术！

　　农业是以土、肥、光、温、气等自然要素为基本生产资料，从事物质生产的产业，是个变量因素很多，时空变异很大的复杂系统，所以经验性强、稳定性差和可控程度低成为先天性的行业弱势。

　　计算机和信息技术的出现为农业带来了福音。它的强大功能将全面装备农业，改善农业的行业弱势局面。

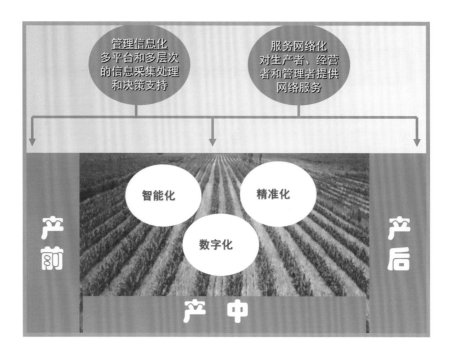

感悟现代农业 ——两个重大科学事件与新的农业科技革命

农业信息化

数字化——对象与过程的数字化与模型化是农业信息化的基础。

智能化——智能化农业专家系统AES使农业由经验走向科学。

科学化—— 3S（遥感、地理信息系统、全球定位系统）的对地实时测报技术使农业管理走向科学化。

精准化——PA技术使农业由粗放到精准。

网络化——网络技术使农业由闭塞到及时获取信息服务。

感悟现代农业　——农业必须有一次产业结构的革命！

2004年**6**月代表农业组向温家宝总理汇报国家中长期科学和技术发展规划，提出了："农业发展的拓展战略"

◆农业产业结构的演进是
　　　　　农业发展的规律与必然

◆现代农业必有现代的农业产业结构

感悟现代农业　——农业必须有一次产业结构的革命！

19世纪末德国经济学家李斯特提出农业发展的三阶段论。

20世纪30年代苏联卡西亚诺夫提出农业的纵向一体化。

20世纪50年代美国戴维斯提出农业企业化(Agribusiness)。

在工业化和市场化过程中，人们不断寻求解决小农生产与社会化大生产之间的矛盾

美国的家庭农场，2%与18%

欧洲的农户+经营组织

中国的贸工农一体化经营

感悟现代农业 —— 农业必须有一次产业结构的革命!

《中共中央关于完善社会主义市场经济体制若干 问题的决定》
2003年10月14日中国共产党第十六届中央委员会第三次全体会议通过

> 支持农民按照自愿、民主的原则,发展多种形式的农村专业合作组织。鼓励工商企业投资发展农产品加工和经营,积极推进农业产业化经营,形成科研、生产、加工、销售一体化的产业链。

感悟现代农业 —— 农业必须有一次产业结构的革命!

以初级农产品生产产值为1的加工生产/食品生产产值的比较 (2004年)

	美国	日本	英国	中国
农产品加工业	2.7	2.4	3.7	0.22
食品工业	1.8	2.4	3.0	0.15

食品 6%
饮料 5%
农产品加工 16%
3.6万亿
农业 73%

我国稻谷总产世界第一,大米精加工率仅为12%;
肉类总产占世界的1/4,加工能力仅为4%;
水果总产居世界首位,加工能力仅为7%;
苹果总产世界第一,但加工率只有4.6%
(世界平均为22%,德国为75%)

我国由 1:0.37,如能达到1:2,产值累计为
11万亿元(2004年为3.6万亿元,占GDP的15.2%)。

感悟现代农业 —— 农业必须有一次产业结构的革命！

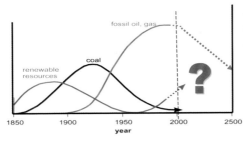

化石能源可使用时间（年）

能源	全球	中国
石油	53	14
天然气	47	45
煤炭	63	57

美国能源信息署等

工业社会赖以发展和生活的化石能源即将告罄！
可再生能源和核裂变是近50年的主要替代能源！
生物质能源将在能源替代中担当大任！

感悟现代农业 —— 农业必须有一次产业结构的革命！

《发展生物基产品和生物质能源》的总统令 1999.8.12.

"目前生物基产品和生物质能源技术有潜力将可再生农林业资源转换成能满足人类需求的电能、燃料、化学物质、药物及其他物质的主要来源。这些领域的技术进步能在美国乡村给农民、林业者、牧场主和商人带来大量新的、鼓舞人心的商业和雇佣机会，为农林业废弃物建立新的市场，给未被充分利用的土地带来经济机会，以及减少我国对进口石油的依赖和温室气体的排放，改善空气和水的质量"。

—EXECUTIVE ORDER: <DEVELOPING AND PROMOTING BIOMASS PRODUCTS AND BIOENERGY＞，AUGEST，12，1999

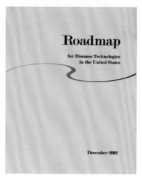

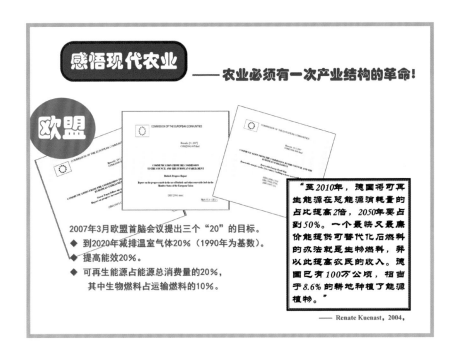

感悟现代农业
——农业必须有一次产业结构的革命!

欧盟

2007年3月欧盟首脑会议提出三个"20"的目标。
◆ 到2020年减排温室气体20%（1990年为基数）。
◆ 提高能效20%。
◆ 可再生能源占能源总消费量的20%，
　　其中生物燃料占运输燃料的10%。

"至2010年，德国将可再生能源在总能源消耗量的占比提高2倍，2050年要占到50%。一个最快又最廉价能提供可替代化石燃料的办法就是生物燃料，并以此提高农民的收入。德国已有100万公顷，相当于8.6%的耕地种植了能源植物。"

—— Renate Kuenast，2004，

感悟现代农业
——农业必须有一次产业结构的革命!

石油的"能源之王"地位也许不久就会遭到废黜。如今，农田作物有可能逐渐取代石油，成为获得从燃料到塑料的所有物质的来源。"黑金"也许会被"绿金"所取代。

在今后的25年内，工业农场主将能种植出足够的燃料和原料，从而我们几乎可以不再依赖于外国石油。专家估计，利用5 000万英亩尚未得到利用的农田，美国最终每年可以生产750亿加仑乙醇，而我们目前每年利用进口石油提炼的汽油的总量为700亿加仑。

感悟现代农业 —— 农业必须有一次产业结构的革命！

一个以农林等有机废弃物和利用边际性土地种植的能源植物为主要原料，进行生物能源(Bioenergy)和生物基产品(Biobased Products)生产的生物质产业(Biomass Industry)正在全球范围内兴起，它为农业提供了一个历史性机遇，开拓出一片极富潜力的市场。

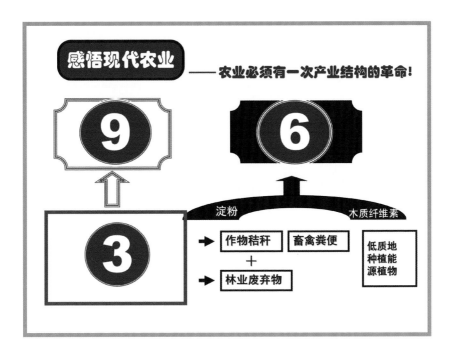

现代农业三要素：

——可持续发展理念。

——现代科技的高度密集。

——三元产业结构和产业化经营的全生物性产品生产。

破除三个传统观念：

——农业只从事初级农产品生产。

——农业只是为社会提供食物，为工业提供原料的
计划经济思维模式。

——消弭工业化初中期形成的农业与工业间的分工鸿沟。

解读"三农"困境

"三农"问题困扰着国家，困扰着"三农"，
困扰着每一个农业工作者。

解读"三农"困境

解困"三农"，路在何方？

- ● "三农"困在哪里？
- ● 痛困何在？
- ● 解困之二
- ● 解困之三

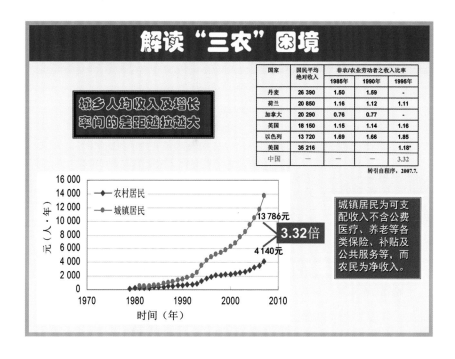

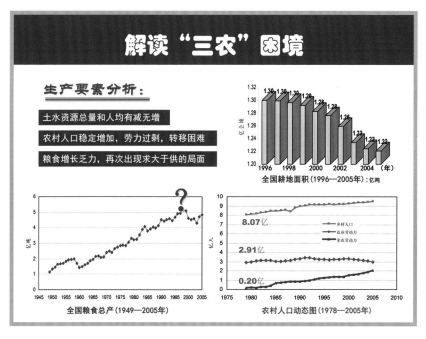

解读"三农"困境

　　工业化和城镇化需要大量资金，先行工业化国家的原始资本积累大量来自掠夺（殖民、半殖民、海盗），而中国则全部来自农业积累。据不完全统计，1953年至改革开放前的25年间，"三农"提供了6 000亿元以上的资金支持了国家的工业化和城镇化。

　　现在二三产业的产值已经占到GDP的86％，仍然从农业抽取高额资金支工支城，城市与工业对"三农"反哺无力。

农业积累大量和持续地支持国家工业化和城镇化，自身却积劳成疾，投资主体无力扩大再生产，又无投资吸引力

解读"三农"困境

积劳成疾　劳力过剩
增长乏力　素质很差
投资无着　要求很高

?

❶ 农民进城/城市化

—— 9亿农民，多少进城？
—— 城市有那么多就业岗位吗？
—— 留在农村的农民能致富吗？
—— 城市是经济发展的结果，还是原因？

❷ 多予少取

免农业税、义务教育、基础设施建设……

解读"三农"困境

当前，社会上存在着农业税免征后的农民将处于"无税状态"的片面认识。仅农民从事农业生产所负担的不能抵扣的增值税等，2003年大体为4 788亿元，约占农民总收入的14.3%。与城镇居民相比，农民所承担的税收负担相对其所能享受的公共产品和服务而言也是不对等的，单单取消农业税，并不能使我国长期以来形成的以牺牲农民利益换取城镇工业化发展的格局得到根本的转变，距离工业反哺农业、城市支持农村的战略目标还有很大的差距。

——《农民日报》

解读"三农"困境

积劳成疾　劳力过剩

增长乏力

投资无着　要求很高

标本兼治　双管齐下

解读"三农"困境

标本兼治，双管齐下

★**标**：以各种形式大幅度加大对"三农"的"回报"。

★**本**：深化"贸工农一体和产业化经营"方针，进一步从城乡和工农二元化中解放"三农"。开展一次"三元农业产业结构革命"，整合基础农业、加工农业和能源农业，让千千万万个从事生物性产品生产的企业和以其为主体组成的中小城镇与现代化的农村居民点星罗棋布地散落在辽阔的华夏大地上；让农村富余劳动力就近向现代农业企业及中小城镇转移。不是农民进到城市的二三产业，而是将二三产业与一产相融合地办到村镇。逐渐缩小城乡差距和工农差距。"三元农业产业结构"就是解决"三农"困境的可操作的抓手。

解读"三农"困境

1983年，费孝通先生写过一篇《小城镇，大问题》的文章，称这些小城镇为人口"蓄水池"，因为"12亿人口中的80%是农民，中国城市里面是容纳不下这么多人的……中国农村经济的关键是工业下乡和工农相辅"。

2006年，许倬云先生发表文章，以台湾糖业公司为例，提出："不是将农民送进城市的工业，而是将工业送到农村。"

1971年日本颁布《工业导入农村促进法》，将占全国73%工业产值中的50%迁移到农村地区，实施工农结合，农工商一体

> 乡村农业人口的分散和大城市人口的集中只是工农业发展水平还不够高的表现。
> 要把工业同农业结合起来，促使城乡之间的差别逐步消灭。
> ——马克思

解读"三农"困境

> 一个上帝忘了赐予土地的国度，是世界农产品第二大出口国或第三大出口国，人均（农）出口创汇世界第一。

荷兰初级农产品产值在全国**GDP**中占**3%～4%**，加上加工生产与销售等的产值可占到**11%**（1997）。

"只有将农业综合体内各种活动的总和考虑进去，才能构成一幅农业的完整图画"。（Jaap Post, 2003）

解读"三农"困境

CURRENT U.S. BIOFUELS PRODUCTION

- Ethanol production capacity of 7 billion gallons in April, 2007, from 118 plants, many of them farmer owned.

- Biodiesel production capacity of 864 million gallons in January, 2007, from 105 plants, many of them farmer owned.

- Increased emphasis on developing biomass sources that do not compete with food or feed.

**Dr. Roger Conway, Director, USDA/
Office of Energy Policy and New Uses
August 20 -22, 2007**

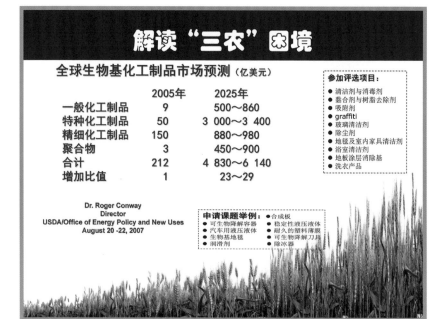

解读"三农"困境

EVERYTHING OLD IS NEW AGAIN

——THE FUTURE FOR BIOPRODUCTS

Dr. Roger Conway
Director
USDA/Office of Energy Policy and New Uses
August 20 -22, 2007

20世纪之初，石油基工业制品逐渐取代了
生物基工业制品；21世纪之初，生物
基工业制品重新回归，将逐渐
替代石油基工业制品。

解读"三农"困境

全球生物基化工制品市场预测（亿美元）

	2005年	2025年
一般化工制品	9	500～860
特种化工制品	50	3 000～3 400
精细化工制品	150	880～980
聚合物	3	450～900
合计	212	4 830～6 140
增加比值	1	23～29

参加评选项目：
● 清洁剂与消毒剂
● 黏合剂与树脂去除剂
● 吸附剂
● graffiti
● 玻璃清洁剂
● 除尘剂
● 地毯及室内家具清洁剂
● 浴室清洁剂
● 地板涂层消除基
● 洗衣产品

Dr. Roger Conway
Director
USDA/Office of Energy Policy and New Uses
August 20 -22, 2007

申请课题举例：
● 可生物降解容器
● 汽车用液压液体
● 生物基地毯
● 润滑剂
● 合成板
● 稳定性液压液体
● 耐久的塑料薄膜
● 可生物降解刀具
● 除冰器

解读"三农"困境

"三农"体量大，滞惰性强，唯激活"三农"自身能量为上策。农工一体化和注入引入资金是"酵母"，增加农民收入和调动农民生产积极性是"加温"。"三农"一旦被激活，资源约束可以通过技术替代；资本约束是可以在发展生物能源和农产品加工业中引入；农村富余劳动力可以向新兴的生物产业及中小城镇就近转移，这盘棋就有望走活了。

——写给胡锦涛总书记的信，**2007年07月25日**

农业的后现代化

全球经济转型——生物经济

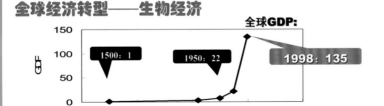

全球GDP:

1500：1

1950：22

1998：135

经济总量的高速增长必将带来物质原料投入的高速增长

物质原料和能源是物质生产的基础：

非再生和不可循环：   化石能源
非再生和可循环：   金属矿（减量循环）
可再生和可循环：   生物质（增量循环）

农业的后现代化

非再生资源的强度消耗与枯竭！

"2003年，我国消耗了占全球31％的原煤、30％的铁矿石、27％的钢材以及40％的水泥。2004年，由于我国对铁矿石需求的急剧增加，国际市场价格曾上涨了71.5％；由于国际原油价格屡创新高，我国全年多支付外汇达数十亿美元。长此以往，越来越多的企业将不堪重负，国家将不堪重负。"

"我国的45种主要矿产资源人均占有量不到世界水平的一半，铁、铜、铝等只是世界平均水平的1/6、1/6和 1/9。我国多数金属矿产资源禀赋不佳，开发利用难度大，选矿和冶练成本高。"
"到2020年，在我国45种重要矿产资源中，可以保证的有24种，基本保证的2种，短缺的有10种，严重短缺的有9种。"

——刘健生，2005年08月

农业的后现代化

"生物基产品最终满足大于90％的美国有机化学消耗和达到50％的液体燃料需要，并形成转化生物基产品的全球领导地位。"

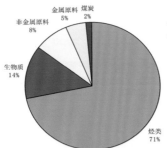

"Biobased Industrial Products: Research and Commercialization Priorrities " NAS, 1999

金属原料 5%
煤炭 2%
非金属原料 8%
生物质 14%
烃类 71%

2002年美国化学工业
原料市场份额分布

农业的后现代化

Biorefinery
——生物生产/生物产业

将自然条件下的生物生产与工厂化的生物炼制连接成统一的物质和能量循环系统。

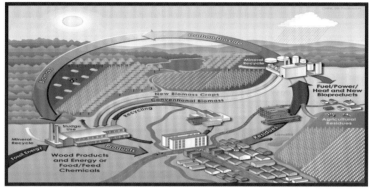

Figure 1. Idealized biorefinery concept.
(Image courtesy of Oak Ridge National Laboratory, Oak Ridge, TN, USA)

农业的后现代化

BI 产业 (7大部类)

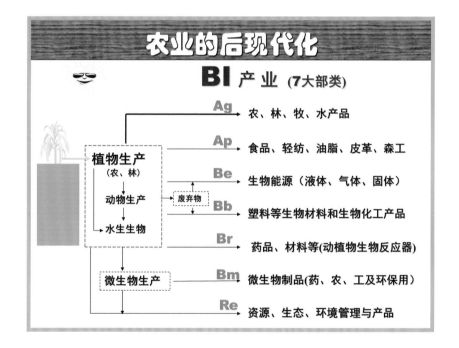

Ag	农、林、牧、水产品
Ap	食品、轻纺、油脂、皮革、森工
Be	生物能源（液体、气体、固体）
Bb	塑料等生物材料和生物化工产品
Br	药品、材料等(动植物生物反应器)
Bm	微生物制品(药、农、工及环保用)
Re	资源、生态、环境管理与产品

农业的后现代化

——2005年在北京举办了"首届国际生物经济高层论坛"
——2007年6月在天津召开了"2007国际生物经济大会"

"当今世界,生命科学研究、生物技术发展不断取得重大突破,为解决人类社会发展面临的健康、食物、能源、生态和环境等重大问题提供了强有力的手段,开辟了崭新的路径。生物科技的重大突破正在迅速孕育和催生新产业革命。现代生物技术发展开始进入大规模产业化阶段,生物产业将成为继信息产业之后世界经济中又一个新的主导产业。"

21世纪将是生物经济的世纪

农业的后现代化将向生物产业演化

农业的后现代化

农业是个既古老与传统,
　　　又新兴与前景无限的产业;

农业是个令人充满激情的、
　　　现代高科技高度密集的产业;

农业是个为夯实国家经济基础、
　　　为九亿群体"强身健体"的
　　　勇敢者的事业。

己丑 ——————— 己丑
1949   2009

我目睹了中国农村之贫困和落后
我感受了中国农民之勤劳与艰辛
我经历了中国农村的巨变和农业的长足发展
我见证了中国几千年粮食不能自给历史的终结
我看过了苏联的集体农庄和美国的家庭农场
我感悟着现代农业并为她而欢呼与呐喊
我为中国"三农"困境而困惑与求解
我思考着农业的未来
我期待着年轻一代农业工作者
        在中国农业的历史转型中建功立业
我盼望着中国农大学子快快成长

【补言】

《名家论坛·感悟农业》照片选

二维码 22

二维码 23

二维码 24

9 土壤：一个新的功能
（2008年09月25日，北京，中国土壤学会年会）

2008年，中国土壤学会第十一次全国会员代表大会在北京召开。本全书作者做了题为《土壤：一个新的功能》的学术演讲。在本次演讲中，提出进入21世纪，土壤除为人类提供食物与纤维外，还增加了提供清洁能源和温室气体的增汇减排的新功能，讲到土地利用新时代的到来、土地的碳管理以及土壤新功能与"三农"。幻灯片后是根据PPT整理的文字稿。

土壤：一个新的功能

中国土壤学年会
2008年09月25日，北京

"全球正面临人口、资源、食物和环境的严重挑战"

——《我们共同的未来》

21世纪：全球正面临化石能源资源枯竭与全球变暖

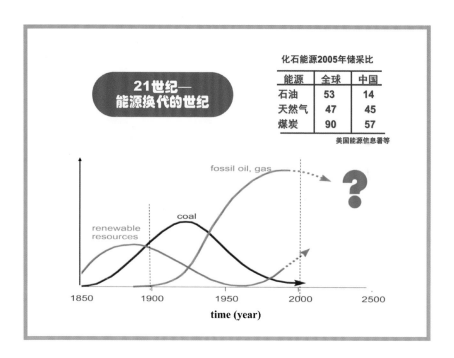

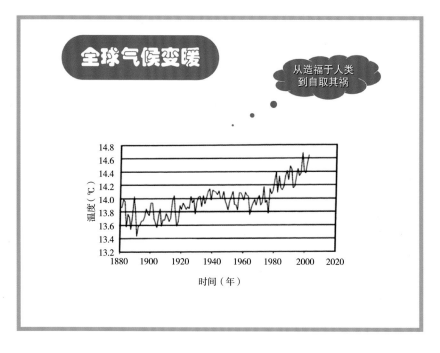

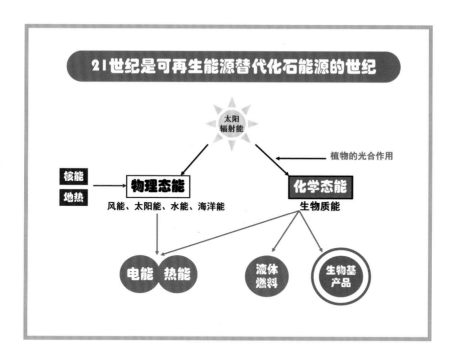

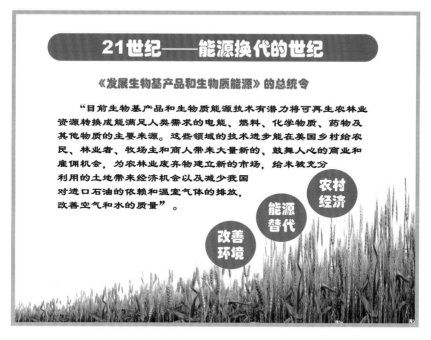

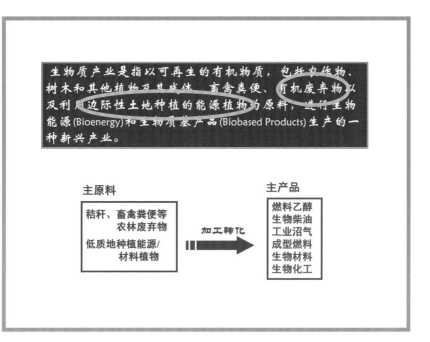

生物质产业是指以可再生的有机物质，包括农作物、树木和其他植物及其残体，畜禽粪便、有机废弃物以及利用边际性土地种植的能源植物为原料，进行生物能源(Bioenergy)和生物质基产品(Biobased Products)生产的一种新兴产业。

主原料

秸秆、畜禽粪便等
农林废弃物

低质地种植能源/
材料植物

加工转化 ▶

主产品

燃料乙醇
生物柴油
工业沼气
成型燃料
生物材料
生物化工

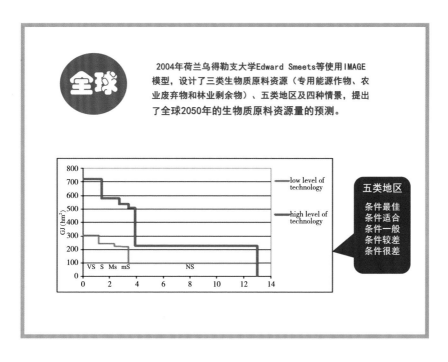

全球

2004年荷兰乌得勒支大学Edward Smeets等使用IMAGE模型，设计了三类生物质原料资源（专用能源作物、农业废弃物和林业剩余物）、五类地区及四种情景，提出了全球2050年的生物质原料资源量的预测。

五类地区

条件最佳
条件适合
条件一般
条件较差
条件很差

——全球生物质原料资源的分布

	情景1	情景2	情景3	情景4
世界（亿吨标煤）	65.3	122.7	281.2	351.7
占2005年世界石油消费量	170	320	733	917

表4-2　全球生物质原料资源预测：2050

	情况 1	情况 2	情况 3	情况 4
Sub-Saharan 非洲	11.0	27.3	66.9	83.7
加勒比海和拉丁美洲	13.9	31.1	48.3	60.3
CIS 和波罗的海国家	11.5	18.2	45.0	56.2
北美	6.5	15.1	37.3	46.6
东亚	3.6	5.0	36.1	45.0
大洋洲	9.6	13.2	22.0	27.5
近东和北非	0.5	0.5	7.4	9.3
南亚	5.3	6.0	7.2	9.1
东欧	1.0	1.0	5.5	6.9
西欧	1.9	3.3	4.8	6.0
世界	65.3	122.7	281.2	351.7
占 2005 年世界石油消费量（%）	170.2	319.8	732.9	916.6

注：表中数字单位是由图中单位 EJy-1 转换成亿吨原油／年。1 EJy = 0.2391 亿吨原油
　　世界石油消费量采用 2005 年的 38.38 亿吨。

——美国13.66亿吨生物质原料解决方案

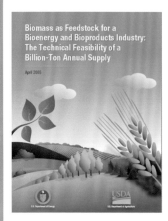

为完成美国国会提出的到2030年实现生物质燃料替代现石油消费量30%的目标，需年产出10亿吨生物质原料，报告提出本土可年供13.66亿吨原料。

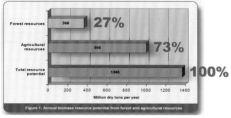

美国

"在今后的25年内，工业农场主将能种植出足够的燃料和原料，从而我们几乎可以不再依赖于外国石油。专家估计，利用5 000万英亩尚未得到利用的农田，美国最终每年可以生产750亿加仑乙醇，而我们目前每年利用进口石油提炼的汽油的总量为700亿加仑"。《今日美国》，2000.2.1.

作物秸秆 29%　有机废弃物 30%
13.66
农作物 10%
能源植物 31%

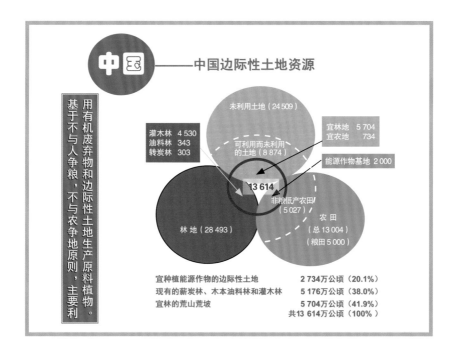

中国————中国边际性土地资源

用有机废弃物和边际性土地生产原料植物。基于不与人争粮，不与农争地原则，主要利。

未利用土地（24 509）

灌木林　4 530
油料林　343
转炭林　303

可利用而未利用的土地（8 874）

宜林地　5 704
宜农地　734

能源作物基地 2 000

13 614

非粮低产农田（5 027）

农田（总13 004）（粮田5 000）

林地（28 493）

宜种植能源作物的边际性土地　2 734万公顷（20.1%）
现有的薪炭林、木本油料林和灌木林　5 176万公顷（38.0%）
宜林的荒山荒坡　5 704万公顷（41.9%）
共13 614万公顷（100%）

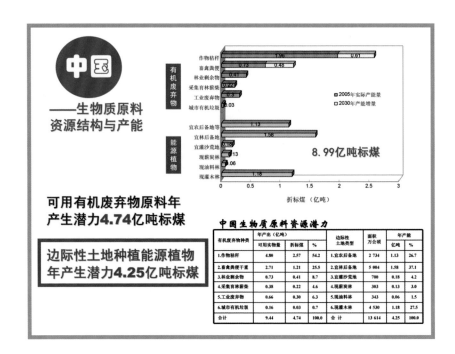

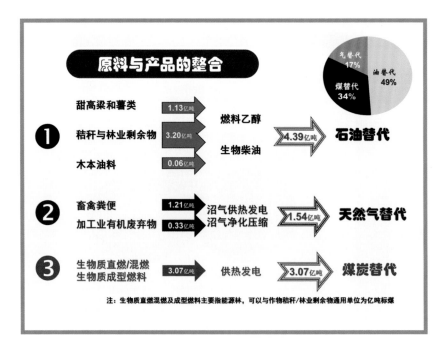

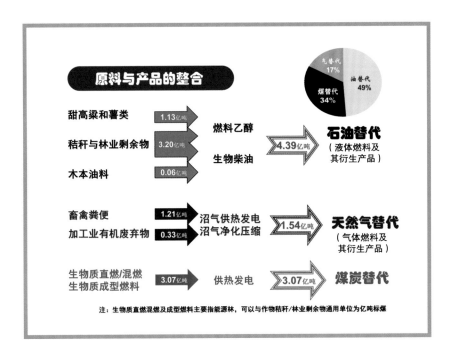

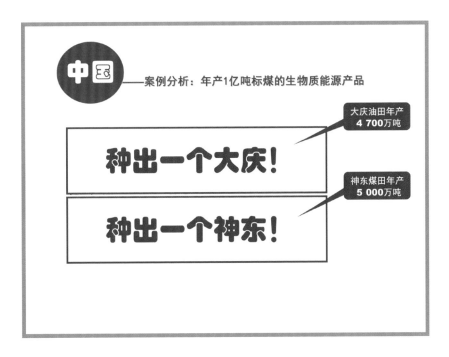

一旦有了社会需要，比十所大学的推动力还要大。
——马克思

以生物能源和生物基产品的原料生产为目标，以边际性土地为重点的土地利用新时代正在来临。

土地碳管理

中国各类陆地植被的碳储量

10^4 千米^2，10^9 吨

植被类型	面积	总碳储量	生物质碳	土壤有机碳
森林	112.03	31.75	15.96	15.80
疏林和灌丛	216.37	37.50	9.45	28.05
草原	53.19	7.49	0.72	6.76
温带荒漠	83.82	5.70	0.50	5.20
冻原和高山植被	202.09	37.02		35.07
湿地	33.19	4.95	0.87	4.08
作物	183.46	30.55	5.74	24.80
戈壁，流石滩	70.15	0.01	0.02	0.01
总计	959.65	154.99	35.23	119.75

21%

77%

资料来源：戴民汉，2004

全球碳库与碳循环

大气 750 +3.2/年

> NPP（50~60 皮克/年）
自养呼吸：异养呼吸 ~4：6

6
120
45
75
0.9

化石燃料等
土地与植物 560

土壤 1500
（其中农田170，占11%）

河流
0.4DOC
0.4DIC

92 90

海洋 38000

岩石 90000000

碳库单位为皮克，通量单位为皮克/年

数据来源：Schlesinger,1997；农田数据来自K.Paustian,1997

土壤呼吸及其通量是一个举足轻重的要素

1850—1980年全球因改变土地用途导致120皮克碳的释放，由1850年的0.4皮克/年增加到1990年的1.7皮克/年，其中1/3来自新垦土地，2/3来自土壤有机质的矿质化。
——R.A.Houghton,1995

工业化前至今，全球大气CO_2浓度由280毫克/升上升到360毫克/升，增加了165皮克的碳，其中约50皮克来自耕作土壤有机质的分解。
——K.Paustian,1997

全球碳循环中，土壤呼吸是一个举足轻重的要素，特别是人为扰动的土壤。

土壤碳管理

—— 土壤碳库中碳的输入和输出管理。重点是有机质的腐殖化和矿质化过程管理，如少耕、免耕、增加有机质进入等。

—— 碳捕获与埋藏。

碳管理——案例 1：美国的燃料碳管理

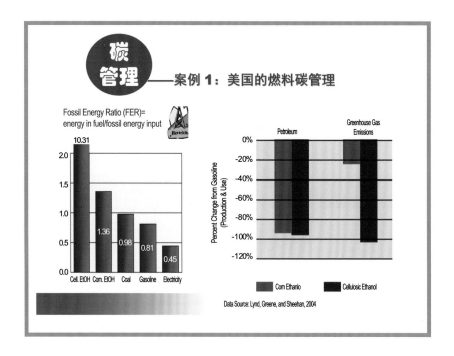

Fossil Energy Ratio (FER)=
energy in fuel/fossil energy input

Data Source: Lynd, Greene, and Sheehan, 2004

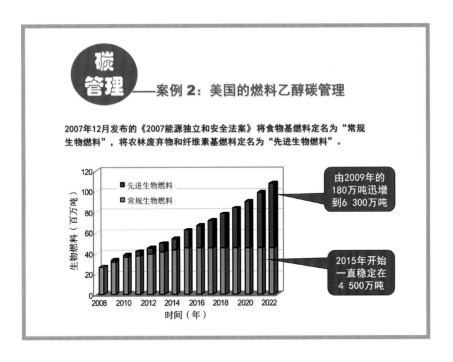

碳管理——案例 2：美国的燃料乙醇碳管理

2007年12月发布的《2007能源独立和安全法案》将食物基燃料定名为"常规生物燃料"，将农林废弃物和纤维素基燃料定名为"先进生物燃料"。

由2009年的180万吨迅增到6 300万吨

2015年开始一直稳定在4 500万吨

碳管理——案例 3：土地碳管理
以草地植被为基础的，高多样性低投入模式
—— David Tilman，2006

2/3 of the Prairie is Below Ground

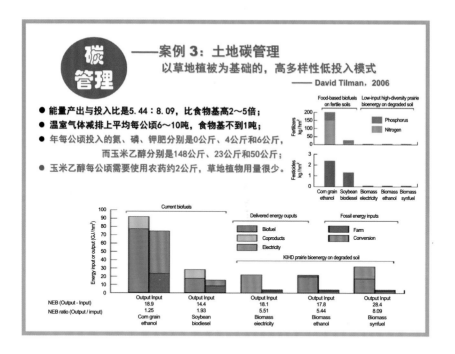

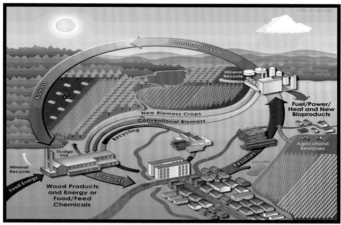

Figure 1. Idealized biorefinery concept.
(Image courtesy of Oak Ridge National Laboratory, Oak Ridge, TN, USA.)

　　假如能正确设计，生物质能源作物系统可以带来重大的环境和社会效益。正确选择生物质作物和生产方法能出现喜人的碳与能量的平衡，以及温室气体排放的净减。

——《生物质能源与农业》

土壤新功能与"三农"

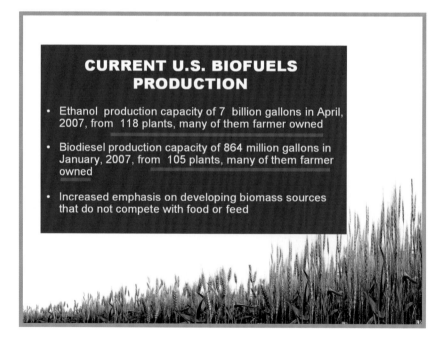

生物质产业与中国"三农"

种出一个大庆和一个神东，意味着为农民创造98万个工业就业岗位和1 045万个农业就业岗位，每年增收446亿元。

★ 可以规模化地使农林废弃物资源化。

★ 可以利用尚无经济价值的边际性土地。

★ 可以为农民广开增收门路，提供大量就业岗位。

★ 可以基本解除农村的作物秸秆露地焚烧、畜禽粪便、石油基塑料地膜的三大污染问题。

★ 可以通过成型燃料、沼气等先进生物燃料替代薪柴，提高农村能源消费质量和效率。

★ 可以通过生物质原料生产及加工生产，促进农村工业化、中小城镇化和农村富余劳动力能就近转移就业。

★ 可以缩小城乡差别和工农差别。

两个科学问题

● 边际性土地人工生态系统与物质能量循环

——相应技术：优化人工生态设计与管理。

● 土壤呼吸机理与全球碳循环

——相应技术：土壤碳管理。

可持续发展与能源换代

19 世纪和 20 世纪的工业化为人类社会带来了高度的物质文明，也高强度地消耗了地球资源和恶化了人类生存环境。受联合国之托，以挪威首相布伦特兰夫人为首的"世界环境与发展委员会"于 1987 年发表了著名的《我们共同的未来》报告。该报告提出了地球的资源和能源远不能满足人类发展的需要；提出了全人类正面临着"人口、资源、食物和环境的严重挑战"；提出了必须为当代人和下代人的利益而下决心改变当今的发展模式。"全球正面临人口、资源、食物和环境的严重挑战"成为时代的最强音。

据美国能源信息署等权威机构的资料，全球的石油、天然气和煤炭的 2005年储采比分别是 53、47 和 90，尚可分别开采 53 年、47 年和 90 年；中国分别是14 年、45 年和 57 年。21 世纪是化石能源资源渐趋枯竭和能源换代的世纪。一边是化石能源资源的枯竭，一边是因燃烧化石能源排放温室气体，导致全球气候变暖。

IPCC 关于《气候变化 2007：联合国政府间气候变化专门委员会第四次评估报告》指出，全球气候变暖已是不争的事实，近百年全球地表平均温度明显升高，21 世纪变暖幅度还会增大。全球气候变暖，冰川消融加速，冰川积雪的储水量减少，海平面上升，旱区面积扩大，1/6 以上世界人口的可用水量将受到影响；全球气候变暖会导致水资源时空分布失衡，部分地区旱者愈旱，涝者愈涝，洪涝灾害加重，热浪、强降水、台风等极端事件将更加强烈和频繁；全球气候变暖会导致突发性公共卫生事件增多增强，严重威胁人类健康；全球气候变暖对沿海及低洼地区的经济及社会发展将造成巨大影响。

特别重要的是，全球气候变暖对生态系统将造成不可恢复的影响，平均温度增幅超过 1.5～2.5℃，两成到三成物种可能灭绝；对陆生和水生动植物的季节迁徙和地理推移将产生重大影响；农林业承受气候变率以及气候和生物灾害增加，收成更加不稳定；二氧化碳还将增加海水酸度，导致海洋生态失衡。

化石燃料的使用从造福人类到祸害人类，这对人类社会的生存环境提出了时代的挑战。

1999 年，克林顿发布了《发展生物基产品和生物质能源》的总统令。该总统令开门见山地指出："目前生物基产品和生物质能源技术有潜力将可再生农林业资源转换成能满足人类需求的电能、燃料、化学物质、药物及其他物质。这些领域的技术进步能在美国乡村给农民、林业者、牧场主和商人带来大量新的、鼓舞人心的商业和雇佣机会，为农林业废弃物建立新的市场，给未被充分利用的土地带来经济机会，以及减少我国对进口石油的依赖和温室气体的排放，改善空气和水的质量"。

该总统令将发展生物基产品和生物质能源的目标直指发展农村经济、能源替代与改善环境。

土壤的新功能：清洁能源生产与温室气体减排

所谓生物质产业，是指以可再生的有机物质，包括作物秸秆和畜禽粪便等农业废弃物、林业剩余物以及利用边际性土地种植的能源植物为原料，进行生物质能源(燃料乙醇、生物柴油、工业沼气、成型燃料等)和生物质基产品(可降解塑料、各种生物材料和化工产品)生产的一种新兴产业。

《发展生物基产品和生物质能源》的总统令提出，美国利用这些农林废弃物，到 2010 年生物基产品和生物质能源增加 3 倍，2020 年增加 10 倍以及每年为农民和乡村经济新增 200 亿美元的收入和减少 1 亿吨碳排放量。

因而 2000 年 02 月 01 日的《今日美国》载文说道："在今后的 25 年内，工业农场主将能种植出足够的燃料和原料，从而我们几乎可以不再依赖外国石油。专家估计，利用 5 000 万英亩尚未得到利用的农田，美国最终每年可以生产 750 亿加仑乙醇，而我们目前每年利用进口石油提炼的汽油的总量为 700 亿加仑"。

为通过 2030 年实现生物质燃料替代现石油消费量 30% 的目标法案，美国国会要求美国农业部和能源部提交美国本土是否具有每年提供 10 亿吨生物质原料的可行性研究报告。2005 年 04 月，两部提交的报告做出了十分肯定的回答，提出了每年可提供 13.66 亿吨生物质原料，其中农业的贡献率占 73%，林业的贡献率占 27%。

克林顿的这份总统令不仅快速推进了美国生物质产业，而且欧洲各国以及巴西、中国、日本等都雄心勃勃地启动了本国的生物质经济。

2002 年出版的著名土壤学教材 *The Nature and Properties of Soils* 第 12 版提出："土壤的功能不仅是生产食物和纤维，还要担负起生产能源的任务"。我以为，随着人们对土壤的碳调节功能认识的加深，土壤还将具有温室气体减排和增加碳汇的功能。

全球及中国生物质原料资源很丰富

2004年荷兰乌得勒支大学Edward Smeets等使用IMAGE模型，设计了三类生物质原料资源（专用能源作物、农业废弃物和林业剩余物）、五类地区及四种情景，提出了全球2050年的生物质原料资源量的预测。这四种情景的全球生物质资源量分别为65.3亿吨、122.7亿吨、281.2亿吨和351.7亿吨标煤，分别为2005年世界石油消费量的170%、320%、733%和917%。

根据中国工程院"中国可再生能源发展战略研究"重大咨询项目对中国生物质能源资源的研究，我国可收集和作为能源用的有机废弃物原料的年产生潜力为4.74亿吨标煤，边际性土地种植能源植物的年产生潜力为4.25亿吨标煤，二者合计8.99亿吨标煤。

在1.36亿公顷边际性土地中，宜种植能源作物的边际性土地为2 734万公顷（占20.1%）；现有的薪炭林、木本油料林和灌木林为5 176万公顷（占38.0%）；宜林的荒山荒坡为5 704万公顷（占41.9%）。

马克思说："一旦有了社会需要，比十所大学的推动力还要大"。以生物质能源和生物基产品的原料生产为目标，以边际性土地为重点的土地利用新时代正在来临。

土壤碳管理

以往对碳循环研究较多，今天则要放在温室气体排放和全球气候变暖的大背景下重新审视。戴民汉研究，中国各类陆地植被的碳储量中的土壤有机碳储量占总碳储量的71%。在土壤有机碳中，除冻原/高山植被、疏林/灌丛植被外，其他作物可占21%，所以在全球碳循环中，土壤呼吸及其通量是举足轻重的，特别是人为扰动的土壤。

1850—1980年的130年间，全球因改变土地用途导致了120皮克碳的释放，由1850年的0.4皮克/年增加到1990年的1.7皮克/年，其中1/3来自新垦土地，2/3来自土壤有机质的矿质化。自工业化以来，全球大气CO_2浓度由280毫克/升上升到360毫克/升，增加了165皮克碳排放，其中约50皮克碳排放来自耕作土壤有机质的分解。

全球碳管理一是要减少化石能源的碳排放，一是要注重土壤碳的输入、输出管理，加强对有机质的腐殖化和矿质化过程的调节，如少耕、免耕、增加有机质进入等。

美国采取了改变燃料品种与结构以减少碳排放的措施。阿尔贡国家实验室用"全生命周期法"研究，提出电力、汽油、煤炭、玉米乙醇和纤维素乙醇 5 种燃料的能量产出与投入比分别是 0.45、0.81、0.98、1.36 和 10.31，肯定了玉米乙醇的正效应和纤维素乙醇的巨大能效及减排温室气体的潜力。

2007 年 12 月美国国会通过的《2007 能源独立和安全法案》将食物基燃料定名为"常规生物燃料"，将农林废弃物和纤维素基燃料定名为"先进生物燃料"。二者的发展计划是生物燃料稳定在 4 500 万吨，先进生物燃料快速增长到 6 300 万吨。

D. Tilman 教授等在 2006 年《科学》杂志上发表了《源自高多样性低投入草地生物质的负碳生物燃料》，该文章的摘要写道：

"从天然草地的低投入高多样性（LIHD）混合物中得到的生物燃料比玉米乙醇或大豆柴油能获得更多有用的能源和减排温室气体以及更少的农业污染。十年后的高多样性草地的生物质能源产量比单一栽培土地的生物质能源产量可增加 238%。 LIHD 生物燃料是负碳排放的，因为纯生态系统的二氧化碳封存量［（4.4 兆克 /（公顷·年）］超过了生物燃料生产中化石燃料的二氧化碳排放量［0.32 兆克 /（公顷·年）］。此外，LIHD 生物燃料生产可以利用退化了的土地，既不影响食物生产，又可以保护生物多样性。"

D. Tilman 教授分别以玉米乙醇、大豆柴油、高多样性草地，以及柳枝稷为对象进行的比较研究，分别得出和对比了不同研究对象的能量效率和减排效果。玉米乙醇、大豆柴油、LIHD 生物质发电、LIHD 生物质乙醇、LIHD 生物质综合利用的能效分别是 1.25、1.93、5.51、5.44 和 8.09，其减排效果均高于化石燃料。高多样性草地则达到了负碳排放效果，在碳平衡中发生了由放碳到吸碳，由"碳源"向"碳汇"的质的转变。该文还提出了一个重要方向，即将人们的注意力农田引向低质的边际性土地，从单一作物引向高多样性多年生草地植物。

"生物质能源对环境的净影响主要取决于它的生产方式。假如能正确设计，生物质能源作物系统可以带来重大的环境和社会效益。选对生物质作物和生产方法能出现喜人的碳与能源平衡以及温室气体排放的净减。"

生物质产业与中国"三农"

部分适合生产液体生物燃料的原料资源量可替代石油 5 600 万吨，相当于一个大庆油田，还可减排二氧化碳 1.6 亿吨。同时，部分适合生产固体生物燃料的原料资源量可替代石油 5 540 万吨，相当于一个神东煤田，还可减排二氧化碳 1.4

亿吨。由此可为农民创造 98 万个工业就业岗位和 1 045 万个农业就业岗位，每年增收 446 亿元。

生物质能源产业可以规模化地使农林废弃物无害化和资源化；可以利用尚无经济价值的边际性土地；可以为农民广开增收门路，提供大量就业岗位；可以基本解除农村的作物秸秆露地焚烧、畜禽粪便、石油基塑料地膜的三大污染问题；可以通过成型燃料、沼气等先进生物燃料替代薪柴，提高农村能源消费质量和效率；可以通过生物质原料生产及加工生产，促进农村工业化和中小城镇化，农村富余劳动力可就近转移就业；可以缩小城乡差别和工农差别。

两个科学问题

提出相关的两个科学问题及其相应技术：①边际性土地人工生态系统与物质能量循环，其相应技术是优化人工生态设计与管理。②土壤呼吸机理与全球碳循环，其相应技术是土壤碳管理。

二维码 25

二维码 26

二维码 27

10 清洁能源在中国
（2010年09月06日，中国台北）

【背景】

2010年秋天，我第二次造访台湾。2010年09月06日，在研讨会上做了题为《清洁能源在中国》的演讲。比较全面和系统地介绍近十多年国家在发展清洁能源上的情况，台湾学界非常关心，提问踊跃。

清洁能源在中国

2010年09月06日，中国台北

中国能源形势严峻——

在2007年中国能源消费中，化石能源占96.4%，非水可再生能源只占0.98%，主要是太阳能供热和生物质能源。

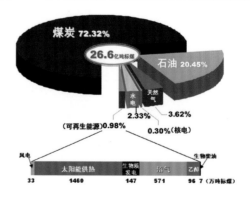

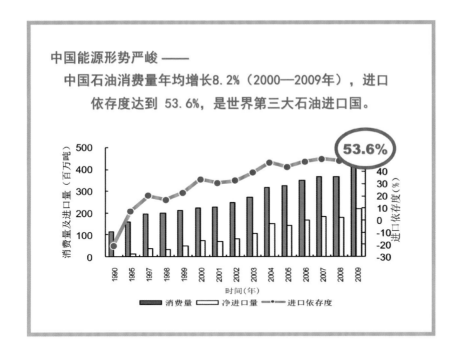

中国能源形势严峻 ——

中国石油消费量年均增长8.2%（2000—2009年），进口依存度达到 53.6%，是世界第三大石油进口国。

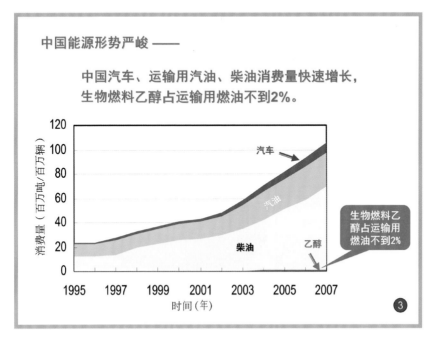

中国能源形势严峻 ——

中国汽车、运输用汽油、柴油消费量快速增长，生物燃料乙醇占运输用燃油不到2%。

缓解中国能源困境的基本途径
是发展清洁能源，对化石能源
的替代和推进能源转型。

中国清洁能源资源

中国不含太阳能的清洁能源可开采资源量为20.3亿吨标煤，其中可
再生能源占97.1%，非水可再生能源占77.4%，生物质占51.7%。

生物质原料
资源量是大
水电的2.6
倍，是风能
的3.2倍。

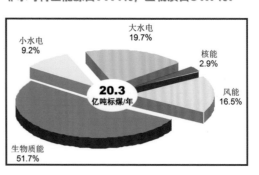

◆ 目前运行的核电装机容量为1 697万千瓦，已经开工建设的23台机组，装机容量为2 540万千瓦，占当前世界在建机组的40%。

◆ 规划：到2020年，核电运行装机容量争取达到4 000万千瓦；核电年发电量达到2 600亿～2 800亿千瓦时（核电中长期发展规划）。2009年提出的装机容量目标为7 000万千瓦及以上。

大亚湾核电站

中国10米高度层的风能总储量为32.26亿千瓦，实际可开发的风能储量为2.53亿千瓦。按照国家风电发展规划，哈密、酒泉、河北、吉林、江苏沿海、内蒙古东部、内蒙古西部七个千万千瓦风电基地规划到2020年的装机容量为9 017万千瓦，占全国风电总装机容量的78%。

◆ 由于风电稳定性差，远距离输电需与火电或水电捆绑。

◆ 风电规模比例越大，电网风险及服务成本越大，电网企业缺乏接受的积极性。

◆ 目前中国风电上网电价比煤电等高0.3～0.4元/（千瓦时），关键器件国产化率低。

达坂城风电场

贺兰山风电场

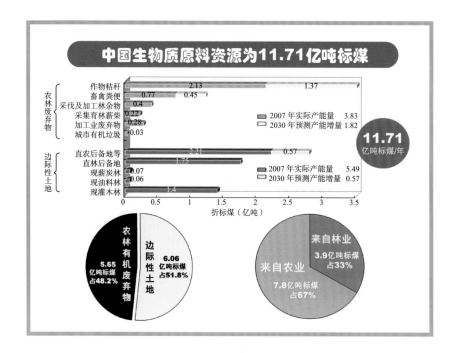

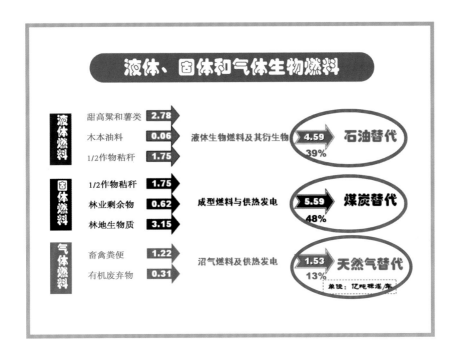

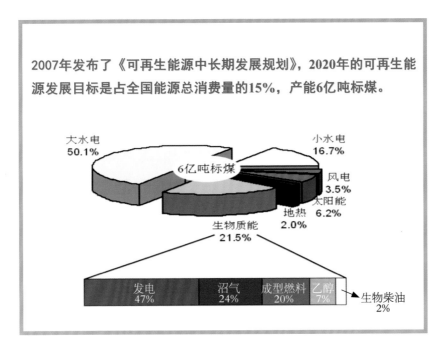

2007年发布了《可再生能源中长期发展规划》，2020年的可再生能源发展目标是占全国能源总消费量的15%，产能6亿吨标煤。

液体生物燃料

中国于2001年批准和2003年建成投产四个以陈化粮为原料的燃料乙醇生产厂，2009年产燃料乙醇162万吨，占世界第三位。

液体生物燃料

中国人多地少，发展生物能源只能走
"不与人争粮，不与农争地"的道路。

起之于粮，发之于非粮

液体生物燃料

中国非粮乙醇原料资源非常丰富

薯类

甜高粱

中国是世界第一大薯类生产国家，年播1.5亿亩，总产1.5亿吨，占世界总产量的3/4，现仅有广西年产20万吨的木薯乙醇厂。

甜高粱是一种抗逆性和适应性很强的能源作物，适合在盐碱地和沙地等低质地上发展，是各国关注的一种"超级能源作物"，未能实现产业化生产的主要原因是发酵工艺不过关。

液体生物燃料

2008年已在广西建有2个木薯乙醇厂，具有年30万吨的生产能力；2009年又批建1座。

广西新天德新能源公司

广西中粮生物质能源公司

8

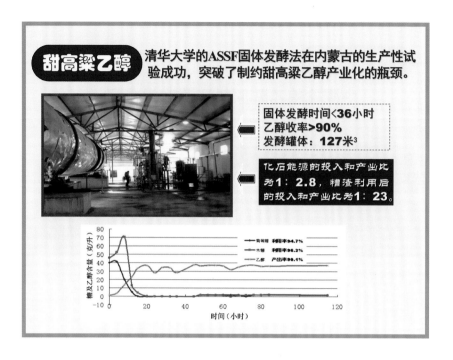

甜高粱乙醇

清华大学的ASSF固体发酵法在内蒙古的生产性试验成功，突破了制约甜高粱乙醇产业化的瓶颈。

固体发酵时间<36小时
乙醇收率>90%
发酵罐体：127米³

化石能源的投入和产出比为1：2.8，糟渣利用后的投入和产出比为1：23。

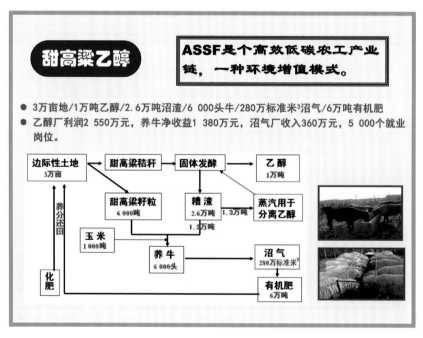

甜高粱乙醇

ASSF是个高效低碳农工产业链，一种环境增值模式。

● 3万亩地/1万吨乙醇/2.6万吨沼渣/6 000头牛/280万标准米³沼气/6万吨有机肥
● 乙醇厂利润2 550万元，养牛净收益1 380万元，沼气厂收入360万元，5 000个就业岗位。

液体生物燃料

据农业部的调查报告（2008），可用于发展液体燃料的宜能荒地为2 680万公顷，加上现种植薯类、高粱等的非粮低产农田约750万公顷，具有年产1亿吨燃料乙醇的生产潜力。

固体生物燃料

可收集的农作物秸秆量为6.87亿吨，其中可用于能源的为3.44亿吨。可收集的林业剩余物量为1.97亿吨，合计年产能2.7亿吨标煤，减排6.7亿吨二氧化碳，农民增收1 400亿元。

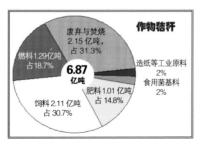

作物秸秆

废弃与焚烧 2.15 亿吨，占 31.3%

燃料 1.29亿吨 占 18.7%

造纸等工业原料 2%
食用菌基料 2%

6.87 亿吨

肥料 1.01 亿吨 占 14.8%

饲料 2.11亿吨 占 30.7%

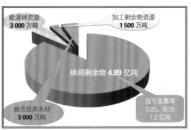

能源林资源 3 000 万吨

加工剩余物资源 1 500 万吨

林间剩余物 4.89 亿吨

城市放弃木材 3 000 万吨

按可收集率 0.25，则为 1.2 亿吨

一把火烧掉了两座三峡电站

固体生物燃料

中国已核准生物质直燃发电项目约100个，装机容量2 500
兆瓦以上。国能生物发电集团有限公司已投入商业运行项
目18个，装机容量40万千瓦，累计供电52亿千瓦时，消耗
秸秆等农林废弃物700万吨，减排436多万吨二氧化碳，农
民新增现金收入19亿元和5.1万个工作岗位。

生物治沙与发电的负碳实验

只要方法得当，年降水量250毫米以上的沙生植覆盖度可恢复到60%以上。

年降水量200毫米的包兰线甘肃甘塘段，围栏封育5年，植被覆盖率达60%以上（摄于2000年9月）。

宁夏盐池县柳杨堡飞播治沙试验示范区，3年生沙生灌木群覆盖率70%（摄于2001年8月）。

年降水量250毫米的宁夏盐池县，3年生灌木群覆盖率在60%以上（摄于2006年9月）。

宁夏盐池县240万亩条播柠条治沙项目区（摄于2007年9月）。

毛乌素生物质发电厂

25兆瓦的发电机组已稳定运行一年和并网发电1.2亿千瓦时，减排二氧化碳14万吨和农民增收5 000万元。

沙柳发电

收购枝条

沙柳平茬

沙柳灌丛

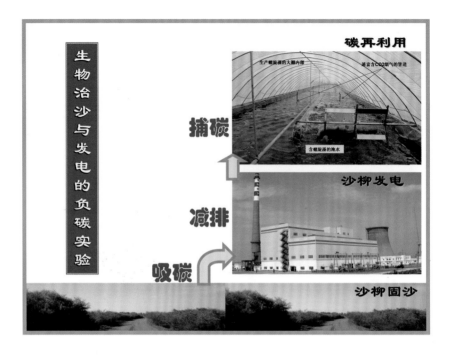

四大沙地面积约1 000万公顷，其中固定沙丘、半固定沙丘及丘间农田是中国北方沙尘暴的一道生态屏障。年降水量为200～400毫米，每毫米降水的年公顷生物量产出为10公斤（干重），总计4 000万吨，且风能和太阳能资源丰富，是中国负碳和环境增值的试验场。

固体生物燃料

成型燃料产业化已经起步。吉林辉南宏日新能源公司可年产**1.5**万吨颗粒燃料及专用燃烧锅炉，**2009**年完成了长春、吉隆坡的酒店等约**20**万米^{3}供热示范，现正在吉林省推广。

固体生物燃料

　　全国中小锅炉年消耗约10亿吨燃煤，热效率很低，很难清洁燃烧，是二氧化碳排放大户和减排难点，以农林固体废弃物为原料制成的成型燃料是治理之良方，也可替代农村生活用燃料。

数亿吨农林固体废弃物　　对接　　数亿吨中小锅炉燃煤

20世纪70年代开始发展农村用沼气，现已有3 000多万个农户小型沼气池，年产沼气120余亿米^3，对改善农村居住环境和提高农村能源消费质量发挥了重要作用。

青岛天人环境工程公司在河南安阳的日产车用燃料沼气3万米^{3}已经投产。海南和河北的车用燃料沼气项目2011年投产。

中国发展清洁能源的思考

坚持"能源自主与安全"的国家能源战略，加大推进清洁能源对化石能源的替代力度。清洁能源的当前重点是大水电和核能，但具有长远和战略意义的是非水可再生能源。

在发展可再生能源中，生物质能源应放在优先位置

—— 资源量大和占有区位优势；
—— 原料与产品多样化，可以替代煤炭、石油、天然气的多种能源；
—— 可以替代石油基生产多种绿色材料及化工产品；
—— 可以立竿见影地增加农民收入，促进农村工业化，缩小城乡差距。

中国发展清洁能源的思考

中国最缺的是石油，自主性和安全性最差的也是石油，特别是车用燃油。石油应当作为被替代的战略重点，目前忽视发展燃料乙醇的倾向是不对的。

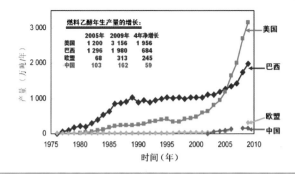

燃料乙醇年生产量的增长：			
	2005年	2009年	4年净增长
美国	1 200	3 156	1 956
巴西	1 296	1 980	684
欧盟	68	313	245
中国	103	162	59

中国发展清洁能源的思考

当前发展燃料乙醇上存在既不积极推动粮食乙醇向非粮乙醇转型，又不积极部署纤维素乙醇研发的现实。中国十年内纤维素乙醇不可能形成实质性替代规模和完成1 000万吨的2020年目标，所以正确的做法是大力发展非粮乙醇和积极准备纤维素乙醇。

> 非粮乙醇可以拉动中国1 000余万公顷低产田和低产作物的生产；可以开发和利用2 680公顷的宜能荒地；可以增加农民收入和就业岗位。技术成熟是中国特有的优势。

中国发展生物质能源的思考

可用作能源的约4亿吨作物秸秆是一笔巨大"矿产资源"，解决上亿吨冗余秸秆的露地焚烧是当务之急，逐渐形成秸秆发电、成型燃料、热电联产、纤维素乙醇等的秸秆能源产业，带动农民增收和农村经济。

中国天然气缺口越来越大，除进口外，发展产业沼气十分重要。中国沼气原料资源量相当于830亿标准米^{3}沼气或700亿标准米^{3}天然气。沼气对天然气的替代将成为拉动中国沼气产业的强大动力。

中国发展清洁能源的思考

在中国北方约1 000万公顷的沙地上建设以生物质能源为基础，兼有风能、太阳能开发的新型可再生能源基地对中国的生态、环境、能源、经济和社会具有重要意义。

在推动成熟技术产业化和技术改进的基础上，加大对纤维素乙醇、微藻选育转化、沼气厌氧发酵机理等新一代技术的研究与投入力度，做好科技战略储备。

【补言】

清洁能源在中国（摘要）

中国化石能源资源匮缺，需求激增，对外依存度大，二氧化碳排放量居世界首位，形势十分严峻。在大力推行改变经济增长方式、节能减排和提高能效的同时，加大清洁能源对化石能源的替代力度乃当务之急。

2007 年国务院发布了《可再生能源中长期发展规划》，提出了力争到 2010 年可再生能源消费量达到能源消费总量的 10%，2020 年达到 15% 和产能 6 亿吨标煤的目标，其中大水电、小水电、生物质能、太阳能、风能和地热分别占 50.1%、16.7%、21.5%、6.2%、3.5% 和 2.0%。2009 年年末的全国能源工作会议又提出为实现上述目标，到 2020 年中国水电装机要达到 3 亿千瓦以上，核电投运装机达到 7 000 万千瓦及以上。

中国清洁能源的本土资源的年产能为 20.3 亿吨标煤（不含太阳能），其中生物质、大水电、小水电、风能和核能分别占 51.7%、19.7%、9.2%、16.5% 和 2.9%。在清洁能源资源总量中，可再生能源占 77.4%，其中小水电、风能和生物质能的资源量分别为 1.86 亿吨、3.34 亿吨和 10.47 亿吨，生物质能源的资源量是小水电的 5.6 倍，是风能的 3.1 倍。

在区域分布上，水能资源集中于西部，仅西南地区就占到 70%；陆地风能资源集中于三北地区和青藏高原，仅内蒙古就占全国风能资源总量的 50%；太阳能资源的丰富区也在青藏高原和西北地区，与风能资源丰富区大体叠置。中国的水能、风能和太阳能资源集中于西部与北方，而生物质资源则广布于经济发达的东部与南方。

清洁能源的 20.2 亿吨标煤的年产能相当于 2007 年全国能源消费总量的 82%，加上前景看好的光伏发电，可在中国能源转型中做出不凡的贡献。

虽然中国大水电的开发技术成熟，但开发程度已超过 30%，深度开发的难度和对生态影响将会越来越大；核电的开发程度尚低，发展潜力大，但本土原料资源贫乏，对外依存度高。2007 年年底，全球风能发电的总装机容量为 94 005 兆瓦，其中中国为 5 906 兆瓦，居世界第五位，因未掌握核心技术和电网改造未能跟上，存在问题较多。中国的太阳能主要用于集热器，2007 年超过 1 亿米^3，占世界总量的 60% 以上。近年来，光伏发电发展很快，其也存在未掌握核心技术与材料以及环境污染等问题。

中国可用的生物质原料资源的年产能为 11.71 亿吨标煤，其中农林废弃物为 5.65 亿吨标煤，边际性土地为 6.06 亿吨标煤。

2001 年中国在吉林、黑龙江、安徽、河南四个粮食生产大省批建了四个陈化粮乙醇生产项目，先是在该四省及辽宁省封闭运行使用 E10 乙醇汽油，继而在冀、鲁、苏、鄂四省的 27 个地市推开。2009 年销售燃料乙醇 162 万吨，乙醇汽油 1 650 万吨。为避免与民争粮，政府鼓励发展以薯类、甜高粱和菊芋等为原料的非粮乙醇，在广西已建成投产年产 20 万吨的木薯乙醇厂，另外，年产 15 万吨的木薯乙醇厂在建。甜高粱是一种优质的能源作物，工业化加工技术已经解决，正在内蒙古等地建厂生产。

据农业部调查报告（2008 年），全国可用于发展液体生物燃料的宜能荒地为 2 680 万公顷，加上现种植薯类、高粱等的非粮低产农田约 750 万公顷，具有年产 1 亿吨燃料乙醇的生产潜力。当前燃料乙醇仍以粮食为主，正大力发展非粮乙醇和积极部署纤维素乙醇。

在固体生物燃料上，政府已核准生物质直燃发电项目约 100 个，装机容量 2 500 兆瓦以上。国能生物发电集团有限公司已投入商业运行项目 18 个，装机容量 40 万千瓦，累计供电 52 亿千瓦时，消耗秸秆等农林废弃物 700 万吨，减排二氧化碳 436 多万吨，农民新增现金收入 19 亿元和获得 5.1 万个工作岗位。我国已拥有先进的生物质直燃发电技术，设备可全部国产化，但在作物秸秆直燃发电上尚有不同意见。成型燃料已经起步，潜在市场很大。

20 世纪 70 年代，中国开始发展农村用沼气，现已有 3 000 多万个农户小型沼气池和年产沼气 120 余亿米 ^{3}。随着天然气消费缺口的迅速扩大，产业化沼气开始起步。农户沼气利用的主要是家庭分散养殖的畜禽粪便和有机杂物，而富含有机质的高 COD 废水资源尚未被利用，仅大中型养殖场废水、工业有机废水和城市污水资源就具有年产沼气 830 亿米 ^{3} 的潜力。

以下诸项是中国在发展清洁能源上值得重视的：①坚持"能源自主与安全"的国家能源战略，处理好化石能源与清洁能源的关系；②清洁能源当前的重点是大水电和核能，但具有长远和战略意义的是非水可再生能源；③可再生能源宜坚持多元发展和以生物质能源为主的方针；④发展生物质能源除替代化石能源和减排功能外，还可促进农村经济发展和农民增收应，可将其作为重大国家目标；⑤生物质能源的发展应依原料的特性和分布进行合理布局，同时加大对纤维素乙醇等二代生物质能源技术和微藻等三代生物质能源技术的投入；⑥非粮乙醇技术成熟，设备国产，可较快形成产业化和规模化生产，还能将千万公顷沉睡的边际性土地和广大农民的积极性激活，它是实现 2020 年 1 000 万吨燃料乙醇指标的最佳选择。

二维码 28　　　二维码 29　　　二维码 30

11 生物质能源的十个为什么
（2011年03月12日，北京科技馆）

【背景】

　　为了让生物质能源走出"寒冬"，我们发起了一次"惊蛰崛起战役"，2011年春在北京科技馆组织了一个生物质产业现况的展示的汇报展览。2011年03月09日开展，在开展期间，组织了科普性的生物质能源系列讲座。第一讲由我来做，讲题是《生物质能源的十个为什么》，如"可再生能源中为什么生物质能卓尔不群？""为什么发展可再生能源以生物质能为主导是世界大趋势？"…… 这是一场科普性演讲。

生物质能源的十个为什么？

2011年03月12日，北京科技馆

在可再生能源中为什么
生物质能"天生丽质"和"卓尔不群"？

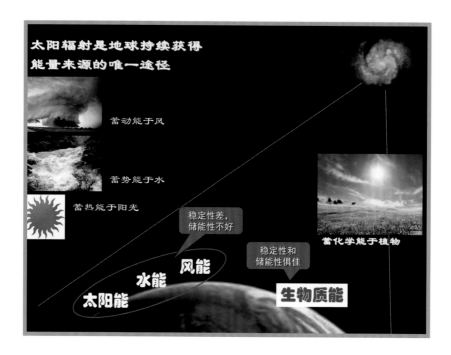

为什么生物质能源"卓尔不群"

	水能	风能	太阳能	生物质能
载体	水	空气	射线	植物
赋存能态	势能	动能	热能	化学能
稳定性	差	很差	很差	好
储能性	差	很差	很差	好
原料	单一	单一	单一	植物/动物/藻类/有机废弃物
能源产品	电	电	热/电	热/电/固、液、气三态能源
非能产品	无	无	无	塑料等生物材料和繁多的化工原料
环保性	—	—	—	污染源的无害化/资源化和循环利用
开发条件	沿江河	风电场	富集区	东部与南部，原料地与市场一体
产业带动性	水利工程	制造业	制造业	农业/制造业/环保

只有生物质才能全面替代化石能源

为什么说发展可再生能源以
生物质能源为主导是世界大趋势？

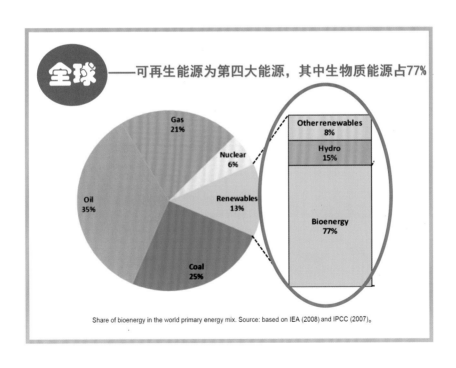

Share of bioenergy in the world primary energy mix. Source: based on IEA (2008) and IPCC (2007)。

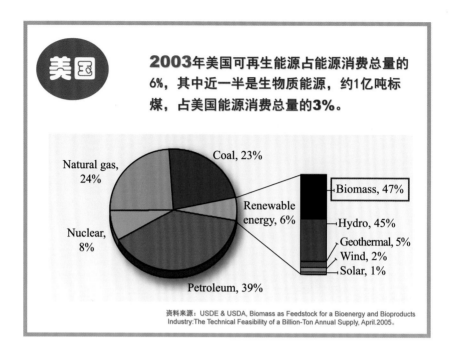

美国 2003年美国可再生能源占能源消费总量的6%，其中近一半是生物质能源，约1亿吨标煤，占美国能源消费总量的3%。

资料来源：USDE & USDA, Biomass as Feedstock for a Bioenergy and Bioproducts Industry:The Technical Feasibility of a Billion-Ton Annual Supply, April.2005。

"到2035年，美国液体燃料需求量的增长部分可由生物燃料弥补，燃料乙醇消费量将占石油的17%。"

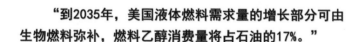

——Annual Energy Outlook 2010

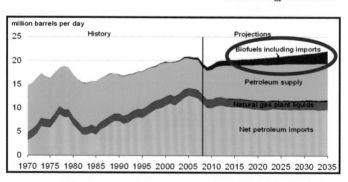

图件来源：Richard Newell, SAIS, December 14, 2009。

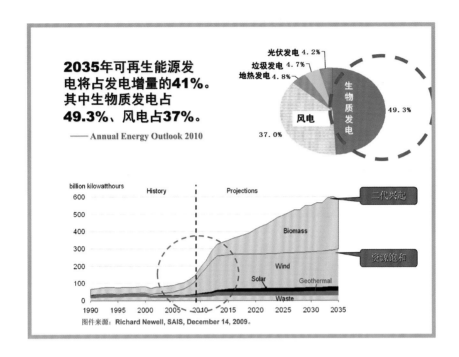

2035年可再生能源发电将占发电增量的41%。其中生物质发电占49.3%、风电占37%。

—— Annual Energy Outlook 2010

光伏发电 4.2%
垃圾发电 4.7%
地热发电 4.8%

生物质发电 49.3%

风电 37.0%

图件来源：Richard Newell, SAIS, December 14, 2009。

2009年度乙醇产量1 980万吨，替代了国内56%的汽油，减排4 233万吨CO_2。已有1 000多万辆灵活燃料汽车，占汽车销售的90%以上，1.2万架小型飞机和农用飞机使用燃料乙醇。生物能源产业已成为巴西的第一支柱产业。

2006年世界生物能源大会在瑞典召开，

总理佩尔松宣布：生物能源已能满足目前瑞

典25%的能源需求，瑞典在2020年将成为世

界第一个不依赖石油的国家。

欧洲由于天然气供应危机不断和严重短缺使沼气正在经
历一场产业化的转型和革命，**BIOGAS**热在不断升温。
2008年欧盟沼气产量已相当于70亿标准米^{3}天然气，年增
率超过16%。专家预计，20年内可以替代年天然气总消费
量（4 800 亿标准米^3）的一半。

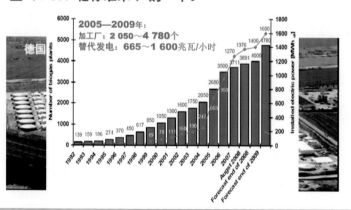

为何不约而同地以生物质能源为主导？

● 资源丰富，原料易得，产品多样。

● 当今化石能源最紧缺的是石油和天然气。

● 可以促进农村经济，工业国和发展中国家皆宜。

为什么说中国的能源形势十分严峻？

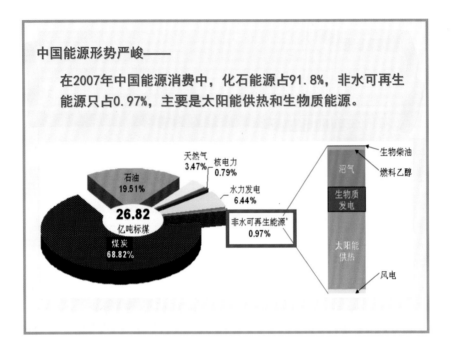

中国能源形势严峻——

在2007年中国能源消费中，化石能源占91.8%，非水可再生能源只占0.97%，主要是太阳能供热和生物质能源。

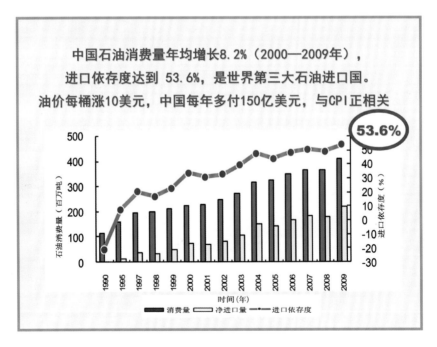

中国石油消费量年均增长8.2%（2000—2009年），进口依存度达到 53.6%，是世界第三大石油进口国。

油价每桶涨10美元，中国每年多付150亿美元，与CPI正相关中国的生物质原料资源丰富吗？

生物质原料资源最丰富

中国不含太阳能的清洁能源可开采资源量为**21.48**亿吨标煤，其中生物质占**54.5%**。

生物质原料资源量是水电的2倍，是风电的3.5倍。

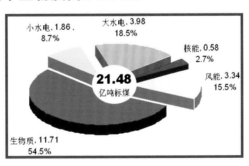

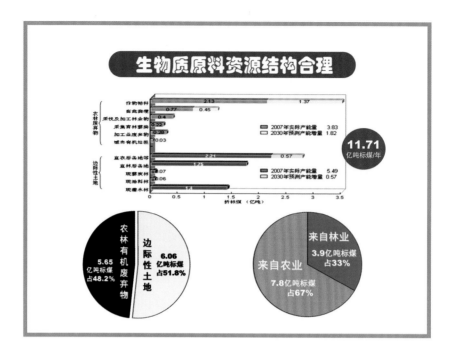

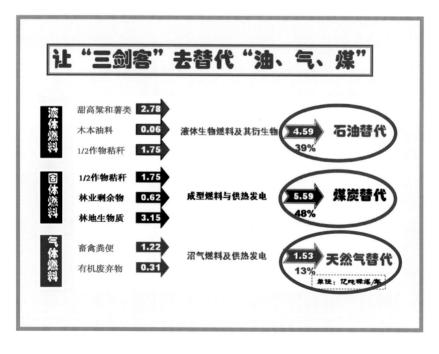

中国生物质能源的发展状况如何？
（固体燃料、液体燃料、气体燃料）

生物质发电

中国已核准生物质直燃发电项目约200个，装机容量4 500兆瓦以上。

国能生物发电集团有限公司已投入商业运行项目30个，装机容量200万千瓦，累计供电52亿千瓦时，消耗秸秆等农林废弃物700万吨，减排436多万吨二氧化碳，农民新增现金收入19亿元和5.1万个工作岗位。

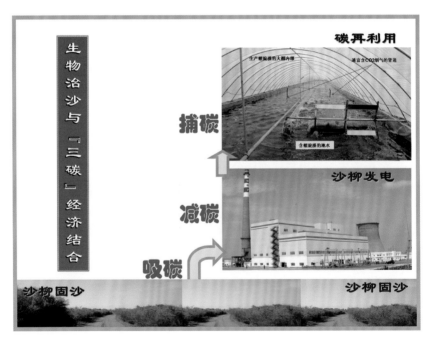

四大沙地面积约1 000万公顷，是中国北方沙尘暴的一道生态屏障。年降水量为200～400毫米，每毫米降水的年公顷生物量产出为10公斤（干重），总计4 000万吨，且风能和太阳能资源丰富。

成型燃料——宏日新能源公司

成型燃料产业化已经起步。吉林辉南宏日新能源公司可年产1.5万吨颗粒燃料及专用燃烧锅炉，2009年完成了长春、吉隆坡的酒店等约20万米^{2}供热示范，现正在吉林省推广。

用小颗粒对接小锅炉

全国中小锅炉年消耗约10亿吨燃煤，热效率很低，很难清洁燃烧，是二氧化碳排放大户和减排难点，以农林固体废弃物为原料制成的成型燃料是治理之良方，也可替代农村生活用燃料。

数亿吨农林固体废弃物   数亿吨中小锅炉燃煤

对接

固体生物燃料

据农业部的最新资料，可收集的农作物秸秆量作6.87亿吨，其中可用作能源的农作物秸秆为3.44亿吨。

另可收集的林业剩余物量为1.97亿吨，合计年产能2.7亿吨标煤，减排6.7亿吨二氧化碳，农民增收1 400亿元。

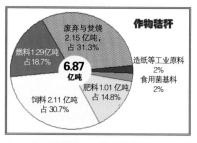

作物秸秆

废弃与焚烧 2.15亿吨，占31.3%
燃料1.29亿吨 占18.7%
6.87亿吨
造纸等工业原料 2%
食用菌基料 2%
肥料1.01亿吨 占14.8%
饲料2.11亿吨 占30.7%

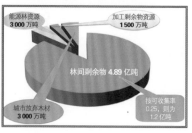

能源林资源 3 000万吨
加工剩余物资源 1 500万吨
林间剩余物 4.89亿吨
城市放弃木材 3 000万吨
按可收集率 0.25，则为 1.2亿吨

从户用沼气到产业沼气

　　20世纪70年代开始发展农村用沼气，现已有3 000多万个农户小型沼气池，年产沼气120余亿米^3，对改善农村居住环境和提高农村能源消费质量发挥了重要作用。

 工业化生产和利用已经起步

山东民和牧业股份有限公司3兆瓦沼气发电厂日处理300吨鸡粪和产沼气2.7万米^3，年减排$CO_2$8.9万吨。

产业沼气

工业化生产和利用已经起步

北京德青源鸡场日处理鸡粪**212**吨，产沼气**1.9**万米^3，发电能力**1.6**兆瓦时，年减排CO_2**8**万吨。

产业沼气

工业化生产和利用已经起步

湛江农垦三和酒精厂日排放**1 300**米^3，COD为10万毫克/升的有机废水日产沼气**3**万米^3。原来每吨废水的环保处理费**5～6**元，现每吨产值**30～50**元，日产值约**100**万元。

> "十一五"期间，生物质发电和农村用沼气健康发展。产业沼气靠民营中小企业艰难起步，没有政策支持。燃料乙醇几乎被封杀，非粮乙醇只完成新增200万吨计划的1/10。

"十一五"期间，我国一批民营中小企业起步，它们在艰难的条件下取得了成功，取得了骄人成绩，它们敢于亮剑科技馆。它们是火种，星星之火必将燎原华夏大地！

为什么发展生物质能不会影响粮食安全？

◆ 用作物秸秆和林业剩余物发电和做成型燃料
影响粮食安全吗？**不！**

◆ 用薯类/甜高粱等非粮作物和纤维素/藻类生产
燃料乙醇影响粮食安全吗？**不！**

◆ 用畜禽粪便、工业有机废水废渣、城市有机垃圾
生产生物燃气影响粮食安全吗？**不！**

◆ 利用低质的边际性土地种植能源植物生产生物
燃料影响粮食安全吗？**不！**

为什么非要揪住本不该存在的玉米乙醇不放，跟自己过不去呢？

难道生物质能源影响粮食安全
是"空穴来风"吗？否！

**美国玉米乙醇的
"名气"太大了！**

由2008年的0吨
到2022年的
6 300万吨

2015年玉米乙
醇达到4 500万
吨后不再增加

中国于2003年建成投产四个以陈化粮为原料的燃料
乙醇生产厂，2009年生产燃料乙醇162万吨（一代）

定义：

　　生物质能源是以农林业、工业和生活的有机废弃物以及利用低质的边际性土地种植的能源植物为原料，生产的一种新兴的、绿色的生物基产品。

为什么说"能源农业"是解困"三农"的一剂良药？

8亿农民在人均不到2亩土地以及在70%的土地种植附加值极低的粮食（1亩粮食的净收入约200元）和生产初级农产品，他们的收入增长怎能与城里人相比，城乡差距只能越拉越大。最好的办法就是帮他们寻求一条、稳定和持续的生财之道，生物质能源就摆在我们面前！

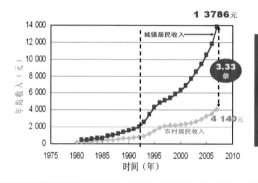

城镇居民的可支配收入不含公费医疗、养老等各类保险、补贴及公共服务等，而农民为净收入。二者实际差距是 **6～8**倍。

让我们为农民开拓一条广阔的生财之道吧！

如果将每年可用于能源的4亿吨作物秸秆用起来，发电量相当于2个三峡电站，农民可增收1 000亿元。

如果将我国1亿公顷天然林每年人工抚育的1.6亿吨剩余物制作成型燃料，可相当于3个神东煤田的年产煤量，农民可年增收500亿元。

如果将畜禽粪便等有机废弃物利用起来，每年可生产900亿米³天然气，相当于现全国消费总量，农民可增收1 000亿元以上。

如果将可种植甜高粱和薯类的3.5亿公顷边际性土地用起来，每年可生产1亿吨燃料乙醇，农民可新增1 500亿元收入。

还可以促进农村的工业化、城镇化和农业现代化

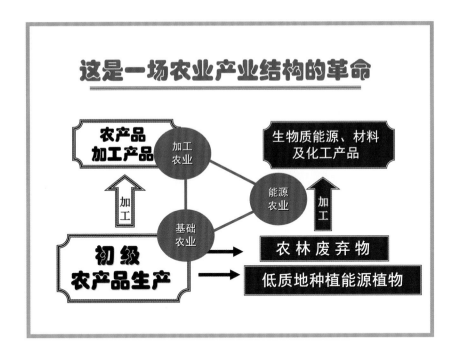

发展生物质能源的瓶颈是什么？

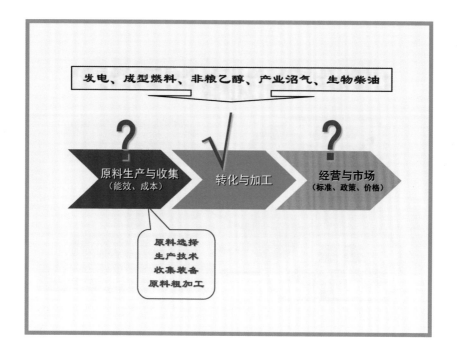

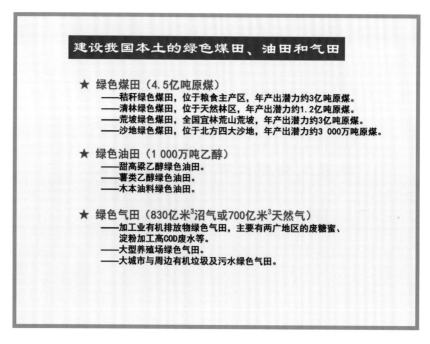

据农业部的调查报告（2008），可用于发展液体燃料的宜能荒地2 680万公顷，加上种植薯类、高粱等的非粮低产农田约750万公顷，具有年产1亿吨燃料乙醇的生产潜力。

为什么在中国风能和
太阳能比生物质能更受重视？

◆ 玉米乙醇引起的"影响粮食安全"的误解深深地
　影响了我国生物质能源的发展。（太可惜！）

◆ 用传统概念将生物质能源归属于能源工业，就能
　源论能源，忽视了它的"三农"功能。（大错特错！）

◆ 用传统的工业思维和经营模式，忽视原料生产、
　收集特点和复杂性。（观念落后最可怕！）

◆ 风能和太阳能有传统和强大的制造业基础和支撑，
　生物质产业刚刚起步，处于弱势。
　（新生的力量是不可战胜的！）

　　　凭借生物质能源的"天生丽质"和
"卓尔不群"，它必将科学到位，为国
家和"三农"做出更大贡献。"十二五"
终于将生物质能源列为战略新兴产业，
我们充满信心！

为什么说生物质产业是万世不衰的绿色产业？

化石能源时代的终结！

全球石油剩余可采储量加上增长潜量和待发现资源量可用**53**年、天然气**63**年、煤炭**90**年。

按**2005**年的储产比
中国石油可用**14**年
天然气可用**45**年
煤炭可用**57**年

从长远看，石油终将枯竭，利用取之不尽、用之不竭的农林生物质资源逐步兴起。由石油碳氢化合物生产的化石燃料终将会被由碳水化合物生产的生物质燃料逐渐替代。让我们加强生物炼油厂的研究，迎接'碳水化合物'新时代的到来。

——中国科学院院士、中国工程院院士、中国石油化工奠基人，
2008年度国家最高科技奖得主——闵恩泽于2006年

BIOREFINERY
—— Oak Ridge

非能不可再生资源危机更加深重！

资源	已知世界储量	固定的指标（年数）	指数的指标（年数）	5倍于已知的储量指数的指标（年数）
铝	1.17×10^9吨	100	31	55
铬	7.75×10^8吨	420	95	154
煤	5×10^{12}吨	2 300	111	150
钴	4.8×10^9磅	110	60	148
铜	308×10^6吨	36	21	48
黄金	353×10^6英(两)金衡	11	9	29
铁	1×10^{11}吨	240	93	173
铅	9×10^7吨	26	21	64
锰	8×10^8吨	97	46	94
汞*	3.34×10^6铁箱	13	13	41
钼	10.8×10^9磅	79	34	65
天然气	1.14×10^{15}立方英尺	38	22	49
镍	147×10^9磅	150	53	96
石油	455×10^9桶	31	20	50
类白金	429×10^6英两(金衡)	130	47	85
白银	5.5×10^9英两(金衡)	16	13	42
锡	4.3×10^6长吨	17	15	61
钨	2.9×10^9磅	40	28	72
锌	123×10^6吨	23	18	50

表中除铬、煤、钴、铁四项尚能使用百年以上外，其他均不及百年，起始期是1971年。

——德内拉·梅多斯，乔根·兰德斯，丹尼斯·梅多斯的《增长的极限》

全球生物基化工制品市场设想（亿美元）

	2005年	2025年
一般化工制品	9	500～860
特种化工制品	50	3 000～3 400
精细化工制品	150	880～980
聚合物	3	450～900
合计	212	4 830～6 140
增加比值	**1**	**23～29**

EVERYTHING OLD IS NEW AGAIN
——THE FUTURE FOR BIOPRODUCTS

20世纪之初，石油基工业制品逐渐取代了生物基工业制品；21世纪之初，生物基工业制品重新回归，将逐渐替代石油基工业制品。

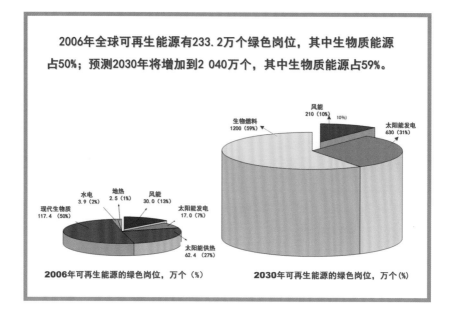

2006年全球可再生能源有233.2万个绿色岗位，其中生物质能源占50%；预测2030年将增加到2 040万个，其中生物质能源占59%。

生物燃料 1200（59%）　风能 210（10%）　10%　太阳能发电 630（31%）

水电 3.9（2%）　地热 2.5（1%）　风能 30.0（13%）　太阳能发电 17.0（7%）　现代生物质 117.4（50%）　太阳能供热 62.4（27%）

2006年可再生能源的绿色岗位，万个（%）　　2030年可再生能源的绿色岗位，万个（%）

工业经济在创造辉煌工业文明的同时导致了不可再生资源的逐渐枯竭、环境恶化和不可持续。绿色经济则在缓解资源匮缺与改善环境的同时，将人类文明推向一个全新的和可以持续的高度。在能源与非能物质和材料上，生物质的可再生性和物质性将逐渐担当起对不可再生资源的替代重任；生物质产业将逐渐成为未来绿色经济中的一支不可或缺的重要力量。

二维码 31

二维码 32

二维码 33

12 现代资源环境观的发展
（2012 年 11 月 09 日，北京，中国农业大学）

【背景】

在我任校长期间，1992 年成立了北京农业大学资源与环境学院。20 年过去了，2012 年 12 月 08 日，该院举行庆祝中国农业大学资源环境学院建院 20 周年的科学报告会。以《现代资源环境观的发展》为题发表了演讲，这是我多年对资源与环境问题思考的一次系统总结。

现代资源环境观的发展

——纪念中国农业大学资源与环境学院成立20周年

2012年11月09日，北京

重温经典，回眸发祥
（1962—1992年）

1962

明天的寓言

一些不祥的预兆将落到村落里。神秘莫测的疾病袭击了成群的小鸡，牛羊病倒和死亡。到处是死神的幽灵，农夫们述说着他们家庭的多病，城里的医生也越来越为他们的病人中出现的新病毒感到困惑莫解……

被生命抛弃的地方只有寂静一片，不是魔法，也不是敌人的活动使这个受损害的世界的生命无法复生，而是人们自己使自己受害。

《寂静的春天》犹如旷野中的一声呐喊，用她深切的感受，全面的研究和雄辩的论点改变了历史的进程。如果没有这本书，环境运动也许会被延误很长时间，或者现在还没有开始。

——阿尔·戈尔，**1993**年

1972

世界未来的两种前景

增长的极限

第一种前景是 "如果世界人口、工业化、污染、粮食生产和资源消耗方面以现在的趋势继续，这个行星上增长的极限有朝一日在今后100年中发生。最可能的结果是人口和工业生产力相互冲突的和不可控制的衰退。"

第二个前景是 "改变这种增长趋势和建立稳定的生态和经济条件，以支撑遥远的未来是可能的。全球均衡状态可以这样来设计：地球上每个人的基本物质需要得到满足，而且每个人有实现自己潜力的平等机会"。

1972　联合国在斯德哥尔摩召开了"联合国人类环境会议"，
第一次将各国首脑聚在一起，讨论当代环境问题，
发表了《联合国人类环境会议宣言》。

在这个太空中，只有一个地球在独自养育着全部生命体系……
这个地球难道不是我们人世间的宝贵家园吗？难道它不值得我
们热爱吗？难道人类的全部才智、勇气和宽容不应当都倾注给
它，来使它免于退化和破坏吗？我们难道不明白，只有这样，
人类自身才能继续生存下去吗？

——受联合国人类环境会议秘书长委托，芭芭拉·沃德和勒内·杜博斯为该联合国
大会提供的一份非正式报告。

1972　**联合国人类环境第一次会议会场，
1972.06，斯德哥尔摩**

为了这一代和将来的世世代代的利益，地球上的自然
资源，其中包括空气、水、土地、植物和动物，特别是自
然生态类中具有代表性的标本，必须通过周密计划或适当
管理加以保护。……地球生产非常重要的再生资源的能力
必须得到保护。

——《联合国人类环境会议宣言》

1981

"我们现在不是在前辈手中继承地球，而是向子孙后代借用地球。"

"尽管我们许多人居住在高科技的城市化社会，我们仍然像我们的以狩猎和采集食物维生的祖先那样依赖地球的自然系统。"

——L.R.布朗《建立一个可持续的社会》

1987

我们共同的未来

全球正面临人口、资源、食物和环境的严重挑战。

—— 受联合国秘书长委托，以挪威首相布伦特兰夫人为首的22人国际委员会向联合国提交的报告《我们共同的未来》。

1991

1991年联合国粮食及农业组织(FAO)在荷兰登博斯召开了各国农业部长参加的"农业与环境会议"，发表了著名的《登博斯宣言》。大会提出了"可持续农业和农村发展(SARD)"的概念，要求建立强化有机物质的循环利用、减少化肥农药等石油产品的投入、提高农产品的产出与质量、保护自然资源与环境的可持续性农业系统。

1992 世界环境与发展首脑峰会
——主题思想：可持续发展

● 《里约环境与发展宣言》
● 《21世纪议程》
● 《联合国气候变化框架公约》
● 《生物多样性公约》

资源、环境与可持续发展开始由学界走向全人类社会一声声的呐喊，一次次地唤醒着人类的良知，1992年联合国环境与发展会议终于扛起了"可持续发展"大旗，成为标榜人类社会发展史的一座最新丰碑。

1992年7月1日，北京农业大学在土化系和农业气象系的基础上成立了农业资源与环境学院。

20年的发展
（1992—2012）

之一：聚焦全球气候变化
之二：能源转型
之三：应对之策
之四：绿色行动

之一：
聚焦全球气候变化

人为的全球气候变暖是人类社会发展的最大环境威胁

20年大事记

1992年　联合国环境与发展会议，巴西里约热内卢。
1994年　《联合国气候变化框架公约》正式生效。
1997年　通过《联合国气候变化框架公约〈京都议定书〉》，规定38个
　　　　工业化国家的二氧化碳等6种温室气体 2008—2012年的减排任务
　　　　是较1990年减少5.2%。
2002年　联合国可持续发展世界首脑第二次会议在南非约翰内斯堡举行
　　　　5个焦点建议：水、卫生、能源、农业与生物多样性。
2004年　欧盟、日本、中国等相继批准《联合国气候变化框架公约〈京都
　　　　议定书〉》，美国宣布退出《联合国气候变化框架公约〈京都议
　　　　定书〉》。
2007年　IPCC发布《气候变化2007：联合国政府间气候变化专门委员会第四
　　　　次评估报告》。
2007年　G8+5对话会议在德国召开，加拿大、欧盟提出到2050年全球温室气体
　　　　排放量比1990年降低50%的建议，美国同意"认真考虑"方达成妥协。
2007年　"后京都时代"启动会议在印尼巴厘岛召开。
2009年　"后京都时代"峰会会议在哥本哈根召开。
2012年　联合国可持续发展大会在巴西里约热内卢举行。

将大气中的温室气体浓度稳定在一个
安全水平，使自然生态系统能够适应全球
的气候变化，确保食物生产不受到威胁使
经济能够持续发展。
　　　　　　——《联合国气候变化框架公约》，1992

《联合国气候变化框架公约〈京都议定书〉》
规定，38个工业化国家的二氧化碳等6种温室
气体的2008—2012年的减排任务是比1990年减
少5.2%。

2007 IPCC

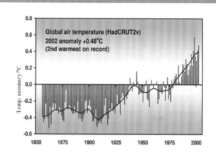

"全球气候变暖已是不争的事实，
近百年全球地表平均温度明显升高，
21世纪变暖幅度还会增大。"

- 全球二氧化碳浓度由工业化前的280毫克/升增加到2005年的379毫克/升。
- 1970—2004年主要温室气体排放量增加了70%。
- 最新观测结果表明，1906—2005年全球地表平均温度上升了0.74 ℃，20世纪后半叶北半球平均气温是近1300年中最高的。
- 与1980—1999年相比，未来20年全球将增温0.4 ℃，到20世纪末增温1.1～6.4 ℃，海平面将上升0.2～0.6米。
- 如不积极采取措施，2030年的温室气体排放量将比2000年增加25%～90%，其中二氧化碳将增加40%～110%，增量主要来自发展中国家。
- 人类活动，特别是化石燃料的使用是全球变暖的主要原因。

IPCC 2007 ——全球影响及后果十分严重！

◆ 冰川消融加速，冰川积雪的储水量减少，海平面上升，旱区面积扩大，世界1/6以上人口的可用水量将受到影响。

◆ 水资源时空分布失衡，部分地区旱者越旱，涝者越涝，洪涝灾害加重，热浪、强降水、台风等极端事件将更加强烈和频繁。

◆ 对全球生态系统将造成不可恢复的影响
——平均温度增幅超过1.5～2.5 ℃，两成到三成物种可能灭绝。
——对陆生动植物和水生动植物的季节迁徙和地理推移将产生重大影响。
——农林业的气候变率以及气候和生物灾害增加，收成更加不稳定。
——二氧化碳增加海水酸度，导致海洋生态失衡。

◆ 突发性公共卫生事件增多、增强，严重威胁人类健康。

"越早采取措施，经济成本越低，效果越好"

2007 八国峰会

2007年6月在德国海滨小镇海利根达姆召开的八国集团首脑会议，将应对全球气候变化作为主题。欧盟和加拿大等提出了关于到2050年全球温室气体排放量比1990年降低50%的建议。在激烈讨价还价和强大的压力下，布什勉强同意美国将"认真考虑"，才达成了峰会的"妥协方案"。

2007 巴里岛峰会 "后京都时代" 启动会议

一次各国既要求发挥其影响力而又最大限度地维护自身利益，在相互妥协中寻求可行的解决途径的会议。

发达国家应在2020年前将温室气体排放量在1990年水平上减少25%～40%

2009 UNCC

后京都时代峰会

"挽救地球"的会议
——哥本哈根联合国气候变化大会

"如果这次会议失败的话，我们将会花更多时间和成本去寻找另一个解决办法，这是我们等不起的，这次会议只能成功，不能失败。"

——丹麦气候和能源大臣康妮·赫泽高女士

"丹麦文本"与"北京文本"，会议仍然是先行工业化国家与发展中国家利益的博弈。《哥本哈根协议》是没有实质性的有法律约束力的结果。

之二：

全球能源转型

在引起全球变暖的温室气体中，80％～85％的温室气体来自化石能源消费

——美国能源信息署《世界能源展望》（IE02005）

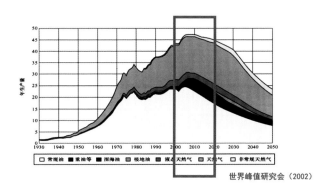

世界峰值研究会（2002）

石油天然气峰值期：2000—2020年

国际权威组织对化石能源枯竭的预测

全球石油剩余可采储量加上增长潜量和待发现资源量
可用 **53**年、天然气 **63**年、煤炭 **90**年。

2010年世界石油、天然气和煤炭分别可满足世界
46.2年、58.6和85年的开采。

按 **2005**年的储产比
中国石油可用 **14**年
天然气可用 **45**年
煤炭可用 **57**年

自1973年世界石油危机以来，发达国家开始寻求以生物乙醇、生物质发电、工业化沼气、风能等为主的可再生能源对化石能源的替代之路。

21世纪——能源换代的世纪

《发展生物基产品和生物能源》的总统令1999.8.12.

目前生物基产品和生物能源技术有潜力将可再生农林业资源转换成能满足人类需求的电能、燃料、化学物质、药物及其他物质的主要来源。这些领域的技术进步能在美国乡村给农民、林业者、牧场主和商人带来大量新的、鼓舞人心的商业和雇佣机会，为农林业废弃物建立新的市场，给未被充分利用的土地带来经济机会以及减少我国对进口石油的依赖和温室气体的排放，改善空气和水的质量。

改善环境　能源替代　农村经济

Bush pushes fix for oil 'addiction'
President says technological advances will cure dependency （2006年1月31日）
Wednesday, February 1, 2006; Posted: 5:52 a.m. EST (10:52 GMT)

美国要保持领先地位就必须有足够的能源，当前我们存在的一个严重问题就是使用石油"上瘾"，而这些石油是从世界不稳定地区进口的。

——President Bush: "Here we have a serious problem: America is addicted to oil."

"最好的办法就是依靠技术进步去打破这种对石油的过分依赖，摆脱石油经济，让依赖中东石油成为历史"。
"我们的一个伟大目标是：到2025年，替代75%的中东石油进口"。

That would represent only a fraction of the total oil imported y the United States annually, however. Government statistics show that about 80 percent of U.S. oil imports come from outside the Middle East."By applying the talent and technology of America, this country can dramatically improve our environment, move beyond a petroleum-based economy and make our dependence on Middle Eastern oil a thing of the past," said Bush, a former oil man whose father and top officials in his administration also previously held jobs in the oil industry. Reducing dependence on foreign oil has been a common theme in State of the Union addresses for decades, including Bush's own.

我们将致力于用太阳、风和土壤为汽车和工厂提供燃料和动力。

——奥巴马

奥巴马于2009年发布美国的"绿色新政"后，在2010年国情咨文中说道："掌握洁净、可再生能源动力的国家将处于21世纪的领先地位。"

美国不能把长久繁荣与安全建立在将会枯竭的能源基础上，未来十年内美国的石油进口规模将减少1/3。

——奥巴马

" We will harness the sun and the winds and the soil to fuel our cars and run our factories。"

2010年巴西甘蔗乙醇总产量为1 900万吨，替代了51%的汽油，出口326万吨，产值282亿美元，占GDP的2%，有1 300多万辆灵活燃料汽车，占汽车销售的90%以上以及有1.2万架小型飞机和农用飞机使用燃料乙醇。生物能源产业已成为巴西的第一支柱产业。

2007年斥资 7 亿美元建输往大西洋海岸的乙醇管道，全长1 150 千米，用于出口甘蔗乙醇。

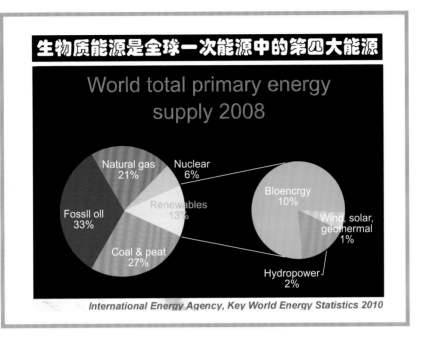

"从长远看，石油终将枯竭，利用取之不尽、用之不竭的农林生物质资源逐步兴起。由石油碳氢化合物生产的化石燃料终将会被由碳水化合物生产的生物质燃料逐渐替代。让我们加强生物炼油厂的研究，迎接'碳水化合物'新时代的到来。"

中国科学院院士
中国工程院院士
中国石油化工奠基人
2008年度国家最高科技奖得主
闵恩泽，2006年

之三:
可持续发展的应对之策

从《超越极限》到《第三次工业革命》

1992

1972

增长的极限

[美] 德内拉·梅多斯

乔根·兰德斯

丹尼斯·梅多斯

超越极限

正视全球性崩溃、望可持续的未来

[美] 唐奈勒·H.梅多斯

丹尼斯·L.梅多斯

约恩·兰德斯

赵旭　周欣华　张仁俐 译

1995

"月亮会比太阳更有价值，因为它是在人们最需要光明的晚上发出的光亮。"
——毛拉.纳斯洛丁Mullah Nasruddin

四倍跃进

[德] 厄恩斯特·冯·魏茨察克

[美] 艾默里·B.洛文斯

[美] L.享特·洛文斯

用效率革命的方法，以现在资源消耗的一半去获取增加一倍的物质财富，以达到《增长的极限》提出的"平衡状态"。该书精心准备了，如超级汽车、节能式建筑、地下滴灌、电子书籍、电视会议、柏林的"汽车共享"等50个实例。

"在一代人的时间内，把资源、能源和其他物质的效率提高10倍（Factor 10）"

"以矿物燃料为基础，以汽车为中心，充斥着一次性物品的西方经济模式，工业国家已不再行得通，中国、印度等发展中国家也不会行得通。"
——L.R.布朗

以牺牲资源与环境为代价和不可持续的现行"A模式"必将被"B模式"所代替。实现"B模式"的途径是提高水和土地的生产率，将碳排放减半，以及通过稳定人口、普及教育、全民医疗等应对社会挑战。
——L.R.布朗

按照自然生态系统的物质循环和能量流动规律构建
的经济系统，并使经济系统纳入自然生态系统的物
质循环与能量循环过程的一种新的经济形态。

我国循环经济发
展战略研究报告

国家发展和改革委员会宏观
经济研究院
我国循环经济发展战略研究
课题组

——以资源的高效利用和循环利用为目标。

——以"减量化、再利用、资源化"为原则。

——以物质闭路循环和能量梯次使用为特征。

"减量化、再利用、再循环"
——"3R"原则

克林顿和小布什两任总统的环境顾问
Fred Krupp新书《决战新能源》

一场新的工业革命已经开始，它将
彻底改变世界和我们的生活方式。

第三次世界大战不是炮与火的
战争，而是全球新能源战争。

一场影响国家兴衰的产业革命。

保护我们的地球不被毁灭。

2011

互联网技术和可再生能源将结合起来，将为第三次工业革命创造强大的新基础设施。

第三次工业革命的五个支柱

第三次工业革命

新经济模式如何改变世界

[美] Jeremy Rifkin

① 向可再生能源转型。

② 将每一大洲的建筑转化为微型发电厂，以便就地收集可再生能源。

③ 在每一栋建筑物以及基础设施中使用氢和其他存储技术，以存储间歇式能源。

④ 利用互联网技术将全球电力网转化为能源共享网络。

⑤ 将运输工具转向插电式以及燃料电池动力车，电力由共享的电网平台提供。

2012 RIO+20

2012年联合国可持续发展大会

2012 RIO+20

大会主题：
■绿色经济在可持续发展和消除贫困方面的作用
■可持续发展的体制框架

——保护资源环境，实现永续发展是我们唯一的选择。
我们的三点建议是：
● 坚持公平公正、开放包容的发展理念。
● 积极探索发展绿色经济的有效模式。
● 完善全球治理机制。

——温家宝，2012年06月

之四：
可持续发展的绿色行动
（两个案例：Gussing与Sweden）

居辛(Gussing District)，奥地利东南边境最穷、最不发达的小镇，面积50平方公里，2.7万人口。农民靠传统农林业为生，70%的劳力外出打工，连一年600万欧元的用电和取暖用化石能源都买不起。这里没有工业和贸易，没有交通基础设施。

从可再生能源起家

1992年当选镇长的Peter Vadasz 从利用本地林木资源、减少买电/热支出做起。1998年用林区剩余物先后建成2.0兆瓦和4.5兆瓦两座热电联产的发电厂和两座产能各为0.5兆瓦，以能源作物青贮的沼气发电厂。

●居辛的可再生能源消费占总能源消费量的100%，还自给有余，而奥地利是23%；欧盟是6%。

●减排温室气体达90%以上，而2009年度获欧盟 "可持续城镇"的瑞典Waxjo为25%。

"栽好梧桐树，引来金凤凰"

● 可再生能源项目陆续"落户"居辛，发电厂有27家，总发电产能22兆瓦，其中8兆瓦卖给国家电网，"绿电"年销售额1 400万欧元。建有12家生物质能厂、1家生物柴油厂和3家大型太阳能厂等。

● 奥地利首家高效能太阳能电池生产企业等50余家企业落户居辛，累计创造新就业岗为1 000余个；获得一批可再生能源的技术和发明专利；成立了可再生能源技术咨询服务公司。

● 兴起"绿色和生态友好旅游"，年游客20余万人次。

● 地方财税收入从1990年的40万欧元增至2006年的123万欧元。

欧洲可再生能源中心落户居辛
(European Center for Renewable Energy，EEE)

——该材料及图片由程序教授提供

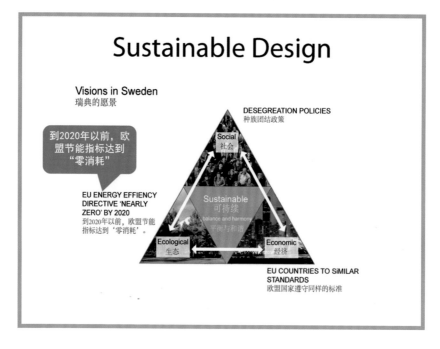

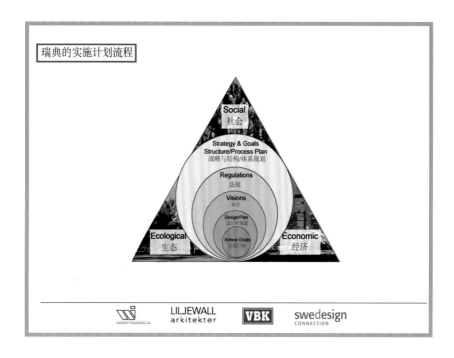

瑞典的实施计划流程

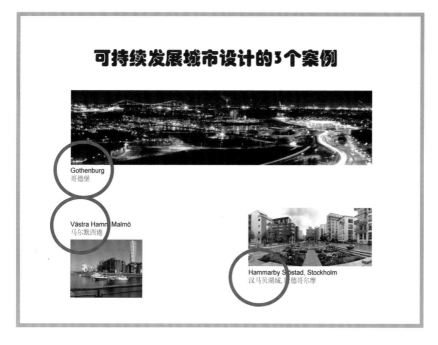

可持续发展城市设计的3个案例

Hammarby Sjöstad, Stockholm
汉马贝湖城, 斯德哥尔摩

已实现的生态指标：

● CO_2排放量减少60%;

● 化石燃料使用量由80%减少到3%;

● 能源利用效率90%;

● 硫化物与可吸入颗粒减少99.5%。

措施：

● 封闭式全自动地下废物收集系统;

● 一半的能源来自自身 —— 可再生燃料、余热利用、沼气和家庭利用率;

● 太阳能热水和发电;

● 生活污水和废物生产沼气;

● 收集和过滤径流水;

● 高效节能建筑、三层玻璃窗、绿色屋顶等。

马尔默西港

● 瑞典的第一个"气候中立"区。

● 100%使用可再生能源。

● 太阳能热水和发电、风力发电和地源热泵发电。

● 大面积的自行车系统和天然气与沼气动力公交车系统。

● 露天的雨水采集系统。

● 瑞典最大的风力发电基地：拥有48个风力涡轮机可以产生2 300千瓦时的电能, 可满足60 000个家庭使用。

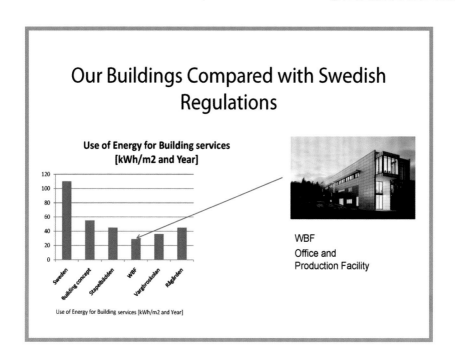

"我们现在讨论的应对全球气候变化和能源转型，讨论的后工业社会和绿色文明，都是在讨论着一个未来的美好时代，决胜生物质是为迎接至美的绿色文明社会的一个重要战役。"

——石元春，2011年

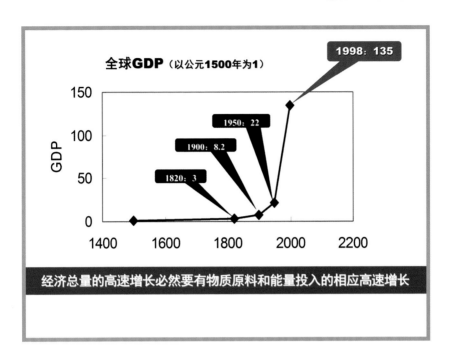

全球GDP（以公元1500年为1）

1998：135

1950：22

1900：8.2

1820：3

经济总量的高速增长必然要有物质原料和能量投入的相应高速增长

化石能源是全球气候变暖的祸首，且资源正趋枯竭

"引起全球变暖的温室气体的80%～85%来自化石能源消费"

——IEO2005

2010年世界石油、天然气和煤炭分别可满足世界46.2年、58.6年和85年的开采。

不可再生的非能资源
枯竭危机同样深重！

不可再生的矿产资源正趋枯竭

"随着人类开发资源程度的加剧，新的矿床和新型资源矿床已经变得越来越难以找到和开发，因为这些能源和矿床埋藏更深更荒远，而浅层矿床和地处人类活动频繁地带的矿床已经逐渐枯竭"。

——"国际矿床地质学会第八届大会"，2005年08月

200多年工业化经济的高需求和高科技带来了物质生产原料与能源的高消耗和快枯竭以及由化石能源使用导致的环境恶化不可避免地使工业经济模式不可持续，工业文明正在走向终结。

用于社会物质生产的
原料与能源的基本特质

◆不可再生、不可循环、高碳：
　　　　化石能源。
◆不可再生和减量循环：
　　　　金属类/无机矿产类。
◆可再生、不可循环、低碳、不可替代：
　　　　水能、风能、太阳能。
◆**可再生、可增量循环、低碳、可替代：**
　　　　生物质。

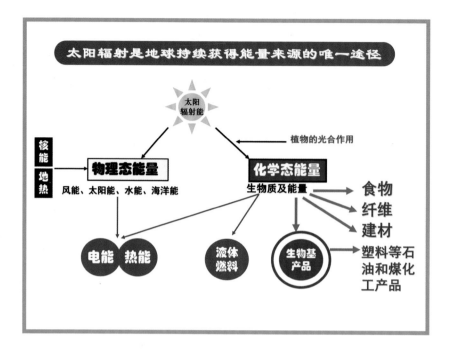

"生物基产品最终满足大于90％的美国有机化学消耗和达到50％的液体燃料需要，并形成转化生物基产品的全球领导地位。"

EVERYTHING OLD IS NEW AGAIN

——THE FUTURE FOR BIOPRODUCTS

20世纪之初，石油基工业制品逐渐取代了
生物基工业制品；21世纪之初，生物
基工业制品重新回归，将逐渐
替代石油基工业制品。

土壤的功能不仅是生产食物、纤维和能源，还要担负温室气体的增汇减排的任务。

土壤的新功能：生产能源与减排增汇

tion to bring the global environment back into balance.

Soils are crucial to life on earth. From ozone depletion and global warming to rain forest destruction and water pollution, the world's ecosystems are impacted in far-reaching ways by processes carried out in the soil. To a great degree, the quality of the

be seen in the form of gasohol fuel fermented from plant products, printers' inks made from soybean oil, and biodegradable plastics synthesized from cornstarch (Figure 1.1).

One of the stark realities of the 21st century is that the human population that demands all of these products will increase by several billion, while the amount of soil available to provide them will not increase at all. (In fact, this resource base is *decreasing* because of soil degradation and urbanization.) Thus, to survive as a species, we will have to greatly improve the efficiency and sustainability with which we manage our soil resources.

The art of soil management is as old as civilization. As we meet the challenges of this century, new understandings and new technologies will be needed to protect the environment and, at the same time, produce food and biomass to support society. The study of soil science has never been more important for foresters, farmers, engineers, natural resource managers, and ecologists alike.

will continue to depend on terrestrial ecosystems for these needs. Besides, on a hot day, would you rather wear a polyester shirt or one made of cotton?

In addition, biomass grown on soils is likely to become an increasingly important feedstock for fuels and manufacturing as the world's finite supplies of petroleum are depleted during the course of this century. The early marketplace signs of this trend can

2006年全球可再生能源有233.2万个绿色岗位，其中生物质能源占50%；预测2030年将增加到2 040万个，其中生物质能源占59%。

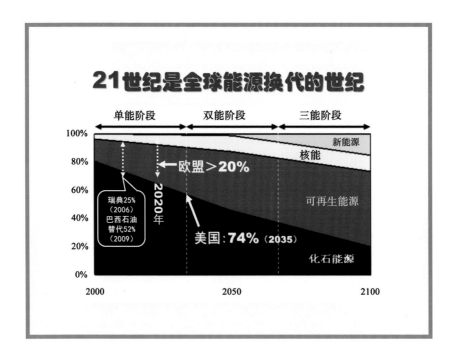

在生物质能源和生物基产品强势发展的带动下，生物产业将得到迅速发展，未来产业结构的一、二、三产业将是生物产业、非生物产业和服务业。

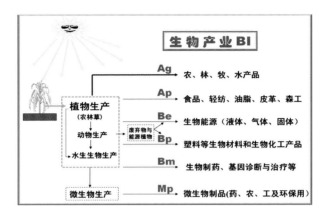

不同社会形态具有不同的本质特征和不同的发生、发展和消亡过程。农业社会以农业为先进生产力代表和社会存在的主要形态，农业生产力高度发展导致人口与土地的尖锐矛盾而难以为继；工业社会以工业为先进生产力和社会存在的主要形态，工业生产力高度发展导致资源枯竭和环境恶化而不可持续。那么，下一个社会形态则必须以缓解资源匮缺与环境恶化矛盾并保障社会的持续发展，以生物产业为主导的绿色经济将作为未来社会的先进生产力代表和社会存在的主要形态。

——《决胜生物质》，石元春，2011年

绿色文明的理念是"天人合一"和"可持续发展"；绿色文明将使牺牲生态与环境的经济发展模式转为修复和保护生态环境模式；绿色文明将使不可再生资源主导模式转为可再生资源主导模式；绿色文明将使追求单一和近期目标的科技进步转为促进社会健康和可持续发展长期目标的科技进步；绿色文明将使人类生产、生活和消费上的贪婪与无度转为理性与高尚。

在绿色社会，理念是绿色的，科技是绿色的，生产是绿色的，消费是绿色的，生活也是绿色的。

——《决胜生物质》，石元春，2011年

资环学院的两个20年

生物资源概念与内涵的发展

随着社会需求的拓展和生物科技的进步，除自身的生态功能外，作为一种物质生产资源，生物资源不仅是利用籽实，而且占2/3质量的秸秆、所有的有机剩余物以及动植物的细胞与基因等都可以作为重要资源被利用。生物资源不仅可以提供食物与纤维，还能提供现代能源产品、生物化工产品、生物医药产品等。

时代赋予了生物资源概念与内涵的发展。生物资源概念与内涵的变化，传统的研究思路和架构必将发生改变，谁抓住了它，谁就将成为学科发展的领军者。

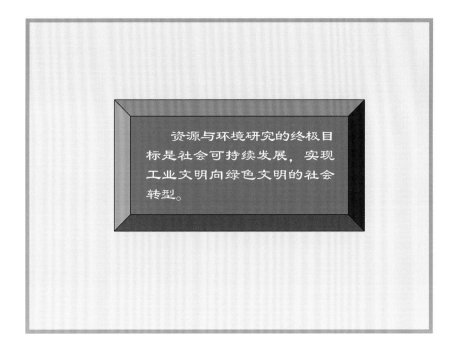

资源与环境研究的终极目标是社会可持续发展，实现工业文明向绿色文明的社会转型。

资源与环境观的演进与资源与环境学院的发展

1992 **2012**

| 孕育期（30年） | 发展期（20年） | 再发展期（20年） |

- 提出问题
- 从学界到人类社会

- 聚焦全球气候变化
- 能源替代与转型
- 绿色应对
- 绿色行动与实例化

- 可持续发展理论体系的形成
- 能源替代将提速
- 绿色产业将如雨后春笋般涌现

土化系
土壤
植物营养
土壤改良
农业气象系

1992 →

土壤与水系
土地资源与管理系
生态科学与工程系
环境科学与工程系
（地理信息工程系）
农业气象系
植物营养系

2012 →

可持续发展理论体系的形成

生物资源概念与内涵的发展

生物能源与生物基产业

18大后的生态文明新思路

教育的滞后性决定了教育理念与培养的超前性。北京农业大学资源与环境学院的成立是超前的，这20年里我们超前了吗？是否我们应当做一次阶段性的反思与评估。想想我们的科学与教育理念超前了吗？想想我们的系科与专业、培养目标、方案和课程设置超前了吗？想想我们的研究项目与课题（被动的和主动的）超前了吗？想想我们的教师队伍的素质等超前了吗？想想未来的20年我们可能或该做些什么？

可持续发展是人类社会由工业文明进化到绿色文明的主要价值观和纲领，可持续发展的核心是资源与环境。当你选择了资源与环境事业，成为资环人，你就是为实现可持续发展和由工业文明向绿色文明过渡的中坚力量，就是和这个崇高的目标联系在一起的一名光荣的绿色战士。

【补言】

我在中国农业大学资源与环境学院成立 20 周年庆祝大会做学术演讲的开场白是："平时到院里来得少，和大家见面的机会不多。这次一次能见到这么多的老师和同学，济济一堂，很高兴，找到了回家的感觉。资源与环境学院从成立到现在，转眼已是弱冠之年。在院庆的时候，院里要我做个报告，讲什么呢？还是和大家一起叙叙旧，谈谈资源与环境的过去与未来，题目是《现代资源环境观的发展》。资源与环境，我们的老祖宗在《道德经》里就说得非常精辟了，而我要讲的是现代的资源环境观。"

演讲有 4 个内容：①重温经典，回眸发祥（1962—1992）；② 20 年的发展（1992—2012）；③我的绿色文明观；④资环学院的两个 20 年。以下是文字稿中的"我的绿色文明观"部分。

2011 年我出版了一本书，书名是《决胜生物质》。这本书里有这样一句话："我们现在讨论的应对全球气候变化和能源转型，讨论的后工业社会和绿色文明，都是在讨论着一个未来的美好时代，决胜生物质是迎接至美的绿色文明社会的一个重要战役。"

有人说，决胜生物质，好像石老师想跟谁打架。我说，走向绿色文明和发展生物质产业不是坐在沙发上就能实现的，而是一场艰难和长期的战斗，因为相信这场战斗一定能胜，所以才叫"决胜"。在这本书里，专门写了一章，章名是

"至美的绿色文明"。这张幻灯片是该书引用的一个曲线图，是 1500—2000 年的 500 年间全球 GDP 的资料。以 1500 年的全球 GDP 为 1，320 年后的 1820 年是 3，再过 80 年的 1990 年是 8.2。进入 20 世纪以后，GDP 急剧增长，像坐上了电梯，1950 年是 22，1998 年是 135。

经济总量的增加是需要与物质原料和能量投入的增加相适应的，20 世纪 GPD 的高速增长必然带来物质原料、能源投入与消耗的急剧增加，带来了物质生产原料和化石能源资源的枯竭，也带来了由化石能源消费导致的人类生存环境的恶化。

2005 年 08 月在北京召开的"国际矿床地质学会第八届大会"宣称："随着人类开发资源程度的加剧，新的矿床和新型资源矿床已经变得越来越难以找到和开发，因为这些能源和矿床埋藏更深更荒远，而浅层矿床和地处人类活动频繁地带的矿床已经逐渐枯竭"。

根据制定我国"十一五"国民经济发展规划的资料，在刘健生的文章中说："我国的 45 种主要矿产资源人均占有量不到世界占有量的一半，铁、铜、铝等只是世界平均占有量的 1/6、1/6 和 1/9。我国多数金属矿产资源禀赋不佳，开发和利用难度大，选矿和冶炼成本高。""到 2020 年，在我国 45 种重要矿产资源中，可以保证的有 24 种，基本保证的有 2 种，短缺的有 10 种，严重短缺的有 9 种。"

2005 年，国务委员陈至立在中国科学技术协会的学术年会上做报告时指出："2003 年，我国消耗了占全球 31% 的原煤、30% 的铁矿石、27% 的钢材以及 40% 的水泥。2004 年，由于我国对铁矿石需求的急剧增加，国际市场价格曾上涨了 71.5%；由于国际原油价格屡创新高，我国全年多支付外汇达数十亿美元。长此以往，越来越多的企业将不堪重负，国家将不堪重负。"

上面资料说的是 21 世纪中叶或 2020 年，不是遥远的未来。

人类就有这么些家底，难道不值得绷紧我们的神经吗？

200 多年工业化经济的高需求、高科技和高速度带来了物质生产原料与能源的高消耗和快枯竭，化石能源还严重污染了环境，工业经济不可持续了，工业文明在取得辉煌的同时正走向自己的终结。

用于社会物质生产的原料与能源资源有着不同的特质。第一种资源是不可再生和不可循环、且是高碳排放的，如化石能源；第二种资源是不可再生但可减量循环，如各种金属和无机盐矿产，每循环一次大约减少三成；第三种资源是可再生但不能循环，低碳但不能替代，如水能、风能、太阳能等可再生能源；第四种资源是可再生和可增量循环，越循环越多，消费中低碳排放，且可以替代不可再生的物质原料和能量资源，这就是生物质。

在从事社会物质生产的以上四种原料与能源资源中，生物质是最具潜力和前景的。持续为地球提供能量的是太阳辐射，太阳辐射到达地球表面后，一部分转化为水能、风能、热能和海洋能，进一步转化为热能和电能的物理态能量，不稳定和较难储存；一部分太阳辐射能被植物体吸收，通过光合作用转化为化学态能量，以生物质为载体，便于储运，既可以转化为热能和电能，也可以转化为液态和气态燃料；除可以供应食物、纤维、建材外，还可以生产可降解塑料等上千种的生物基产品。

所谓的化石能源，是指地质时期的有机生物质在长期地质过程和环境条件下形成的。在化学分子结构上，碳氢化合物是碳水化合物脱氧后形成的，分子结构十分相近，是石化和煤化工产品的最佳替代原料。

美国国家科学院给总统的一份咨询报告中说："生物基产品最终满足大于90%的美国有机化学消耗和达到50%的液体燃料需要，并形成转化生物基产品的全球领导地位"。美国农业部能源政策和新用途办公室主任 Roger Conway 博士说："Everything old is new again"。19 世纪大量使用的是生物基化工制品，20 世纪之初，石油基工业制品取代了这些生物基工业制品，21 世纪之初，生物基工业制品又回归，正在逐渐替代石油基工业制品。我们知道，最早的汽车用的是花生油等植物性燃料，美国福特牌的第一代汽车燃料是乙醇，但不久就被质优价廉的石油燃料替代了。一个世纪后的今天，生物基燃料又替代了石化燃料。

李保国老师给过我一份材料，其中写道："土壤的功能不仅是生产食物和纤维，还要担负生产能源的任务"。时代变了，土壤的功能也发生了变化。我想，土壤的功能不仅是生产食物、纤维和能源，还要担负温室气体增汇减排的任务。

联合国环境规划署发表了一份报告，题目是《绿色工作：迈向一个可持续的低碳世界中的体面工作》。该报告的插图做得很好，内容是 2006 年全球可再生能源提供了 223 万个绿色岗位，其中生物质能源占 50%；预测到 2030 年，这个绿色岗位将增加到 2 040 万个，其中生物质能源占 59%。该报告用了一个很有意思的词："体面的工作"。

在《决胜生物质》中，"至美的绿色文明"有一个我做的插图。根据 21 世纪能源消费结构中化石能源逐渐减少、可再生能源逐渐增加以及氢能和核聚变等新能源在 21 世纪可能开始投入商业化运行的大趋势，我三分了 21 世纪。前 1/3 是以化石能源为主的单能阶段；中间 1/3 是可再生能源与化石能源主导的双能阶段；后 1/3 是以可再生能源为主的三能或多能阶段，这是个概念图。

由于社会生产中不可再生的物质原料与能源资源趋于枯竭和以生物质为代表的可再生资源的兴起，在工业社会形成的由农业、工业和服务业的"三产"产业结构模式将因生物产业的迅速崛起而逐渐向生物性产业、非生物性产业和服务业的新"三产"产业结构进化。我在过去的演讲和《决胜生物质》中多次阐述了这个观点。

有了以上这些认识，就会逻辑性地提出一个更大的命题：绿色未来的定位。

工业经济、工业社会和工业文明是继农业经济、农业社会和农业文明之后的一种社会形态。工业经济和工业社会以后是什么经济和社会形态？有人说是信息经济（社会）；有人说是知识经济（社会）；有人说是低碳经济（社会），有人含糊其辞地说成"后工业社会"。

如果认同人类社会发展的本质特征是物质性生产，认同事物皆有其发生、发展和消亡过程的哲学观点，那么就会对人类社会发展得到以下的逻辑认识。农业社会是以动植物生产为主要生产形式和先进生产力代表的一种社会存在形态，延续了 2 000 多年。农业生产力发展带来了人口的稳定增长和创造了辉煌的农业文明，也因人口急剧增长、土地资源不足以及农业产量增长趋缓而使传统农业难以为继。

15 世纪开始的科学革命和技术革命带来了先进的工业生产力并成为社会的主要生产形式和先进生产力的代表，也缓解了人地矛盾和粮食供需矛盾。在工业经济创造辉煌工业文明的同时，高需求、高科技、高（资源）消耗以及高污染的负反馈又使工业社会变得不可持续，那么替代工业社会的新的生产力和生产方式的基本前提应当是保障社会的可持续发展。显然，缓解资源匮缺与环境恶化矛盾并保障社会的持续发展的是以生物产业为主导的绿色经济。它将成为未来社会的主要生产形式和先进生产力代表，"信息"、泛义的"知识"等都不具备这种功能。

我在《决胜生物质》中对"绿色文明"有这样一段表述：

"绿色文明的理念是'天人合一'和'可持续发展'；绿色文明将使牺牲生态与环境的经济发展模式转为修复和保护生态环境模式；绿色文明将使不可再生资源主导模式转为可再生资源主导模式；绿色文明将使追求单一和近期目标的科技进步转为促进社会健康和可持续发展长期目标的科技进步；绿色文明将使人类生产、生活和消费上的贪婪与无度转为理性与高尚。在绿色社会，理念是绿色的，科技是绿色的，生产是绿色的，消费是绿色的，生活也是绿色的。"

二维码 34 二维码 35 二维码 36

13 生物质经济
（2014 年 09 月 04 日，长春）

【背景】

　　2013 年的第一届生物质产业发展长春论坛上，我提出"21 世纪初吉林省提出玉米经济，现在是该提出生物质经济的时候了"，吉林省委十分重视。2014 年初，吉林省政府发布了《吉林省发展生物质经济实施方案》，9 月的"第二届生物质产业发展长春论坛"主题是《绿色发展、聚焦生物质经济》。我做了题为《生物质经济》的演讲，从全球气候变暖和可持续发展讲到清洁能源对化石能源的替代和克林顿的"总统令"；从"黑金"将被"绿金"代替讲到中国农业正在经历一次深刻的革命；从全国讲到期待吉林省生物质经济再造辉煌。

生物质经济

2014年09月04日，长春

农业社会5 000年，工业社会200年。在工业社会期间，人口剧增，科技发达，物质生活极大丰富，却发现人类社会难以为继。一是大量使用化石能源排放的大量温室气体导致了全球气候变化；二是物质生产所需要的原料资源即将枯竭。一份一份的告警报告如雪片般飞来，1992年联合国召开了各国首脑参加的世界可持续发展大会，发表了《里约环境与发展宣言》《21世纪议程》和《联合国气候变化框架公约》。这是人类社会划时代的大事。

"如果世界人口、工业化、污染、粮食生产和资源消耗方面以现在的趋势继续，这个行星上增长的极限有朝一日在今后100年中发生。

● 按现有的生产量，预计石油供应可持续50年，天然气也只够使用50年。

● 按世界现有的和未发现的原油储量估算，2010年的石油开采量开始减少，2050年将由现在的年产250亿桶减少到50亿桶。

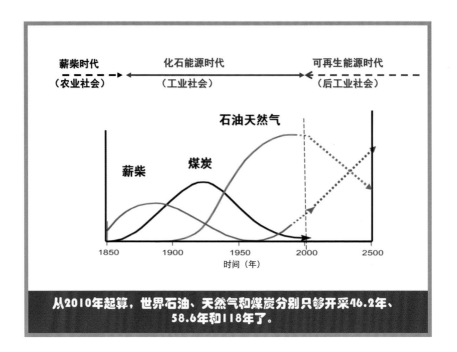

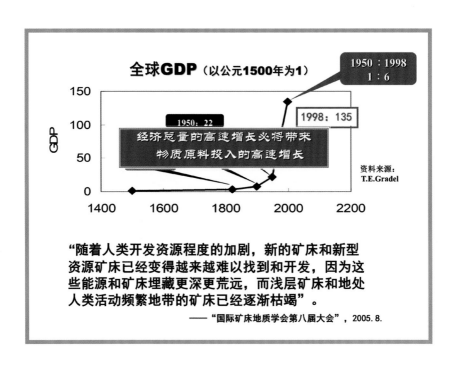

2003年，我国消耗了占全球31％的原煤、30％的铁矿石、27％的钢材以及40％的水泥。2004年，由于我国对铁矿石需求的急剧增加，国际市场价格上涨了71.5％；由于国际原油价格屡创新高，我国全年多支付外汇达数十亿美元。长此以往，越来越多的企业将不堪重负，国家将不堪重负。

物质原料是物质生产的基础

非再生和不可循环： 化石能源
非再生和可循环： 金属矿（减量循环）
可再生和可循环： 生物质（增量循环）

《发展生物基产品和生物质能源》总统令

THE WHITE HOUSE

Office of the Press Secretary

For Immediate Release   August 12, 1999

EXECUTIVE ORDER
- - - - - - -
DEVELOPING AND PROMOTING BIOBASED PRODUCTS AND BIOENERGY

By the authority vested in me as President by the Constitution and the laws of the United States of America, including the Federal Advisory Committee Act, as amended (5 U.S.C. App.), and in order to stimulate the creation and early adoption of technologies needed to make biobased products and bioenergy cost-competitive in large national and international markets, it is hereby ordered as follows:

Section 1. Policy. Current biobased product and bioenergy technology has the potential to make renewable farm and forestry resources major sources of affordable electricity, fuel, chemicals, pharmaceuticals, and other materials. Technical advances in these areas can create an expanding array of exciting new business and employment opportunities for farmers, foresters, ranchers, and other businesses in rural America. These technologies can create new markets for farm and forest waste products, new economic opportunities for underused land, and new value-added business opportunities. They also have the potential to reduce our Nation's dependence on foreign oil,

目前，生物基产品和生物质能源技术有潜力将可再生农林业资源转换为能满足人类需求的电能、燃料、化学物质、药物及其他物质。这些领域的技术进步能在美国乡村给农民、林业者、牧场主和商人带来大量新的、鼓舞人心的商业和雇佣机会，为农林业废弃物建立新的市场，给未被充分利用的土地带来经济机会以及减少国家对进口石油的依赖和温室气体的排放，改善空气和水的质量。

A-2

生物基产品最终能满足大于90％的美国有

机化学消耗和达到50％的液体燃料需要，

并形成转化生物基产品的全球领导地位。

《生物质技术路线图》
提出了2020年一个雄心勃勃的目标

◆生物基产品和能源到2010年增加3倍，2020年增加10倍；
生物燃油取代全国燃油消费量的10％（2050达50％）。

◆取代25％的全国石化原料制成材料。

◆减少了相当于7 000万辆汽车的碳排放量（1亿吨）。

◆为农民增收200亿美元／年。

这份报告预示了一个充满活力的新行业将在美国出现，它将提高我们的能源安全、环境质量和农村经济，它将生产国家相当一部分的电力、燃料和化学品。

像阿波罗登月计划那样，整合这个行业是一项意义深远的挑战，需要大胆的想象力，在多个科技前沿领域同时取得进展，在基础设施和市场开发上大量投资，提供政策和教育上的大力支持。路线图的制定者相信，成功的回报将是巨大的，它将是未来人类事业的基础。

——美国《生物质技术路线图》，2002

农业正在经历一次深刻的革命！

"石油的'能源之王'地位也许不久就会遭到废黜。如今，农田作物有可能逐渐取代石油成为获得从燃料到塑料的所有物质的来源。'黑金'也许会被'绿金'所取代"。

"在今后的25年内，工业农场主将能种植足够的燃料和原料，从而我们几乎可以不再依赖外国石油。专家估计，利用5 000万英亩尚未得到利用的农田，美国每年最终可以生产750亿加仑乙醇，而我们目前每年利用进口石油提炼的汽油的总量为700亿加仑"。

——《今日美国》，2000年02月01日

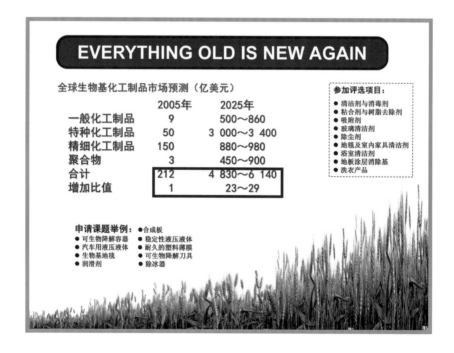

新概念与新产业
——生物产业

将自然条件下的生物生产与工厂化的生物炼制连接为统一的物质和能量循环系统

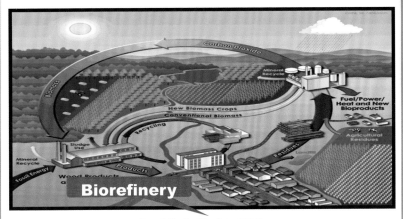

Figure 1. Idealized biorefinery concept.
(Image courtesy of Oak Ridge National Laboratory, Oak Ridge, TN, USA)

案例1 甘蔗乙醇成为巴西国民经济第一大支柱产业

● 2013年产燃料乙醇2 000万吨，占巴西石油燃料市场的57%。巴西有2 200万辆灵活燃料汽车，占汽车拥有量的65.2%。

● 甘蔗乙醇已成为带动巴西农业、糖、乙醇、电力、机械制造、化工、汽车、交通、市政建设等13种行业的一项国家支柱产业，占国民生产总值的8%，超过了包括电信业在内的信息技术产业。

> 巴西有由7万多家原料生产供应商、386家乙醇生产厂、261家经销商和3.5万个销售站组成的、从蔗田到车轮的完整生产销售系统以及用于出口全长1 150千米，输往大西洋海岸的乙醇管道。

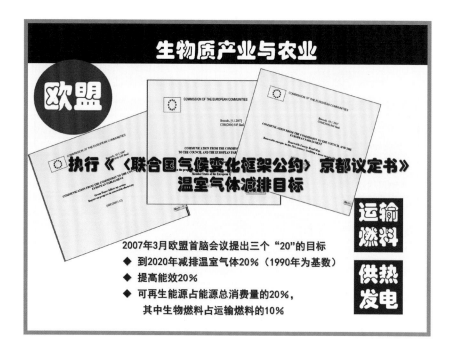

预测瑞典产业在2050年前后沼气全部取代天然气

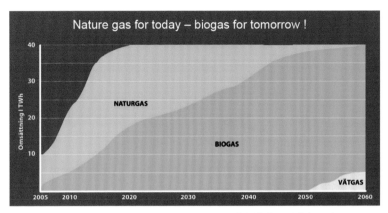

Nature gas for today – biogas for tomorrow !

瑞典最大的可再生能源公司，**2009**

一个重要动向：

生物质经济已经浮出水面

在化石能源渐趋枯竭，在对寻求替代、可持续发展、保护环境和发展循环经济的追求中，世界将目光聚焦到可再生能源，特别是以丰富和可再生的生物质为原料，生产更加安全、环保和高性价比的能源。能源的多元化、可持续新能源开发已成为世界性大趋势。

——2007年6月在石家庄召开了"第一届中国生物产业大会"
——2008年6月在长沙召开了"第二届中国生物产业大会"
——2009年6月在长春召开了"第三届中国生物产业大会"

2007年是我国生物产业发展具有重要意义的一年。新年伊始，国务院领导召开专题会议，研究国家生物产业发展问题，明确提出要抓住机遇，把生物产业培育成为高技术领域的支柱产业和国民经济的主导产业；4月，国务院办公厅转发《生物产业发展"十一五"规划》，发展生物医药、生物农业、生物能源、生物制造、生物环保、生物服务等新兴生物产业领域。

——张晓强，2008.1.

21世纪将是生物质经济世纪

生物质经济：继基于信息技术而发展起来的信息产业/经济之后，提出的基于生物技术而发展的生物产业/经济。

生物质产业：以可再生的有机物质，包括农作物、树木和其他植物及其残体、畜禽粪便、有机废弃物以及利用边际性土地种植的能源植物为原料，进行生物能源和生物基产品生产的一种新兴产业。

（《发展生物基产品和生物能源》的总统令，1999）

生物质经济是基于可再生的生物质进行生物质能源和生物基产品生产的一种绿色经济，具有新兴性、群发性和主导性。

"世纪之交，吉林省提出了'玉米经济'，
现在是该提出'生物质经济'了"
——2013年9月第一届生物质产业长春论坛

生物质的能源产品树

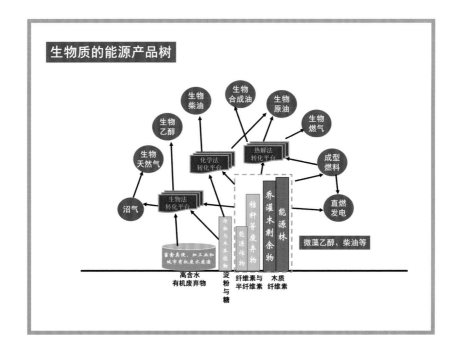

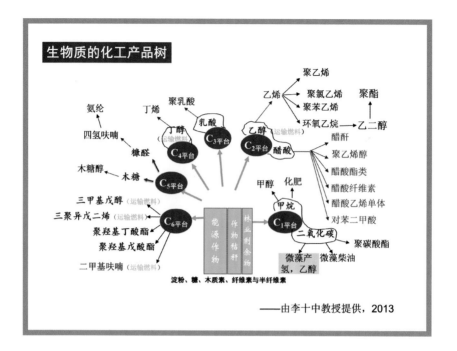

生物质的化工产品树

——由李十中教授提供，2013

有理念优势

打造"黄金玉米带"，做强"玉米经济"

现在玉米的主要使用价值已由口粮变为饲料和工业原料，它们的比例已经是13%：60%：37%。吉林省要做强"玉米经济"，以工业思维来谋划农业经济产业。

——省长洪虎，**2003**

有工作优势

现在吉林已有各类玉米加工企业500多个，年加工玉米能力突破800万吨，年销售收入300亿元，玉米化工产值在2006年达到1 250亿元，是继汽车、化工后又一支柱性产业。（2008年资料）

吉化、吉大、吉塑、应化、大成、天翼等

有资源优势

化石能源消费量：生物质资源量 = **1：0.33**

天然气消费量：生物质资源量 = **1：1.33**

煤＋石油消费量：生物质资源量 = **1：0.21**

注：设秸秆资源量一半用于沼气，一半用于固体和液体能源

吉林省生物质原料资源

种类	总量 （万吨/万公顷）	能源化利用 （万吨/万公顷）	所占比重 （%）	折标煤 （万吨）
农作物秸秆	5 766	3 517	46.3	1 840
加工废弃物	522	470	6.9	273
畜禽粪便	13 000	5 000	12.1	480
城乡垃圾	650	650	1.6	65
林业生物质资源	38 383	1 000	16.9	670
边际性土地	231	162	16.3	648
合计			100.1	3 976

吉林省能源消费规划2015

	万吨/（亿米³）	标煤
消费总量		12 283
煤炭	12 040	8 600
石油	1 506	2 152
天然气	87	1 050
非化石能源		1 204

城市生活能源消费631万吨标煤；
乡村生活能源消费312万吨标煤。

对吉林省生物质资源的宏观概念

——生物质原料资源量相当于能源总消费量的1/3或超过石油与天然气的消费总量，是城乡能源消费量的4倍，故替代力很强。

——生物质原料资源量的排序是农作物秸秆、林业剩余物、边际性土地和畜禽粪便，占资源总量的90%以上。

——可以充分替代天然气、石油以及城乡生活能源消费。

——技术与装备不存在实质性障碍。

吉林省生物质经济"十大工程"

◆ 秸秆糖源工程
◆ 百万吨聚乳酸产业延伸工程
◆ 糠醛与酒精改造提升工程
◆ 生物质气态燃料工程
◆ 生物质液体燃料工程
◆ 生物基化工醇替代工程
◆ 固体成型燃料
◆ 多联产
◆ 垃圾发电

· · · · · · ·

聚乳酸生物降解塑料

——生态安全、食物安全、土地安全

以玉米淀粉为原料的PLA生物材料在美国已经商业启动,我们刚刚看到它在制造业的所有部门中得到应用,这可能会彻底改造旧经济,用转基因作物和家畜改变了农业,现在它正在改造工业。
——美国《华盛顿邮报》,2002.5.3.

——石化塑料市场有多大,生物降解塑料的市场就有多大!

建议:

①生物降解地膜:我国每年有1.5亿亩农田因地膜覆盖而使土壤肥力严重下降。

②"走出去"战略。

在固态生物质燃料在燃烧中，除钾元素外，氮、磷、铁、钰、锌等植物营养元素皆被挥发或固化，微生物厌氧发酵过程则全部被保存，可重归土壤和参与物质循环；固态生物质燃料是零碳排放，沼气是负碳排放。

吉林省规模化畜禽粪便排放总量约为5 982万吨，沼气生产潜力为31.5亿米³，20亿米³的生物天然气占全国总潜力的6.67%，排第6位。（中国工程院，2014）

规模化养殖场+作物秸秆 $\xrightarrow[\text{纯化压缩}]{\text{厌氧发酵}}$ 生物天然气

规模化养殖场的沼气化技改+（装备+资金+政策）

$\longrightarrow$ 生物天然气（30亿~40亿米³）

● 德国大型沼气–生物天然气工程由2000年的850个，增加到2009年的4 780个，发电产能达1 600兆瓦时，计划2020年达到9 500兆瓦时。

● 2011年欧盟已有12 400个大型沼气生产厂，年产量相当于100多亿米³ BNG，计划2020年达到459亿米³。

●2006年瑞典生产车用BNG 2 500万米³，超过了化石、天然气的消费量（2 000万米³）。

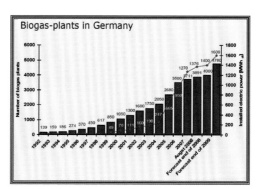

生物天然气

——吉林省发展生物天然气具有后发优势

北京德青源鸡场日处理鸡粪212吨，日产沼气1.9万米^3，2008年稳定上网发电1.6兆瓦时，2012年进户，2014年车用，2015年提供成套装备。

山东民和牧业股份有限公司3兆瓦沼气发电厂，日处理300吨鸡粪和产沼气2.7万米^3，

高品位生物燃油

运输用燃料的主体是液体燃料

一代乙醇
糖（甘蔗）、 淀粉（玉米）

二代乙醇：
纤维素乙醇（作物秸秆）

一代生物柴油
（油料植物）
（其他油脂）

纤维素连同木质素，能一起转化
为高品位生物燃油吗？

旱路难行，走水路。在生物平台上攻关纤维素乙醇技术的同时，
热化学平台上也探索着生物质气化-合成燃油技术。

——2011年美Rentech公司建成年产1万吨木质性生物质合成燃油
商业示范工厂。

——2012年德国科林公司 建世界首套带有商业目的，以木屑为原
料的40兆瓦气化示范工厂。

——2013年德国林德公司授权芬兰Forest Btl公司建年产14万吨
木质性生物质合成燃油商业化工厂。

**高品位
生物燃油**

阳光凯迪新能源集团有限公司经10年研发，以木质性生物
质为原料的气化与费托合成技术工艺已经成功，生产出高
品质、高清洁的航空煤油，生物质柴油和轻质油商品。一
座年产1万吨的生产线于2013年1月20日正式投产，运行至
今近万小时。主要技术指标已达到欧洲二代，即欧Ⅵ标准。
阳光凯迪新能源集团有限公司在湖北武汉和广西北海分别
设计建设单线年产30万吨和年产60万吨规模的两个生产厂，
2016年年底投产。

**高品位
生物燃油**

在国内已与10余个省区市，在国外与
马来西亚、越南等国签署了合作开发
协议。

**供热与发
电多联产**

目前在全球商业生物质能源消费中，供热
占41%、发电占31%，主要是以直燃和成
型燃料形式的固态生物质能源产品向热与
电的转化。

生物质成型燃料具有低灰、低硫、低氮的特点，
接近天然气排放水平，价格是天然气的一半，是
替代煤炭，克霾减排的最佳选项，且技术成熟，
技术、装备与投资门槛较低，具有投资少、建设
快、周期短、效果显的特点。

吉林省具有明显的资源优势、工作优势、市场（供暖季长）需求强劲优势

【2006—2012年】生物质能源开发和利用

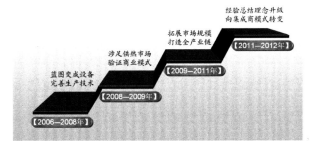

战略构想

1. 产业创新战略。能物并举，绿色发展，在全国率先创建新型的生物质经济体系。

2. 三剑合一战略。生物质固、气、液三能合一，剑指化石能源替代，2 030/1 000万吨标煤。

3. 资源培育与产品开发结合战略。

4. 现代农、林、工三业融合战略，创建新型农工联合体。

期待吉林生物质经济辉煌!

期待吉林省生物质经济辉煌!

▌【补言】

这些年来，吉林省一直走在发展生物质产业的前面，积极性很高。继《吉林省生物质能源发展战略研究报告（2011—2020）》与《吉林省生物质能源"十二五"发展规划实施方案》（2011）两个报告的论证后，2013—2015 年连续举办了三届"生物质产业发展长春论坛"，特别是"发展生物质经济"。以下是引摘自《决胜生物质 20 年记》中的"饭桌上的生物质经济"。

2013 年 09 月，吉林长春，秋高气爽。第一届"生物质产业发展长春论坛"隆重开幕了。开幕式结束，几位贵宾到小宴会厅就餐。宴会厅布置得精致讲究，大餐桌居中，可坐 20 人，边吃边谈。工作人员将我们引进宴会厅时，宴会主人，省发改委主任坐在正面沙发上打电话，见我们进来，忙起身，右手与我们握手，左手还用手机捂着耳朵通话，连声说："对不起！对不起！"。

主任 40 岁刚出头，中等身材，皮肤白皙，仪表堂堂，给人以精明能干印象。主任放下手上的手机后，一个劲地向坐在身边的我们表示歉意。一番寒暄后入席，我与程序教授分坐在主位两侧的主宾席上。席间，自然会谈到吉林燃料乙醇厂、纤维素乙醇攻关、大成公司的变性淀粉等。

趁机，我换了个话题："主任，我是搞农业的，21 世纪初就对吉林的'玉米经济'十分关注，对洪虎省长的魄力很佩服。现在情况如何？"

"洪虎是我们的老省长，当时'玉米经济'对摆脱吉林玉米生产过剩的困境和发展玉米加工业起了很大作用。但这些年全国粮食形势趋紧，要求控制玉米加工量，玉米加工企业的日子不好过。"主任说。

"多年来，国家一直对玉米采取托市政策，能解决一时问题。但是到现在，吉林玉米价格比美国玉米的到岸价还贵，玉米加工企业的原料成本居高不下，叫苦不迭。"

"主任，现在大形势变了，是吉林省搞'生物质经济'的时候了。"我一面品着佳肴，一面不经意地说着。

"什么经济？"主任高声地问，不知是没听清楚还是表示不解，我就坐在他身边。

"生物质经济！"我也一个字一个字地大声重复了一遍。

"对，生物质经济，这个概念太好了。"主任像是顿然醒悟，还带着几分惊喜。

"石院士，您能给我们讲讲什么是'生物质经济'吗？"

"世纪之初，吉林是要解决玉米生产过剩而提'玉米经济'，现在问题是玉米生产成本与价格高企。另外，玉米秸秆露地焚烧屡禁不止，需要资源循环利用；还有化石能源消费剧增，雾霾暴发，需要清洁能源替代。丰富的玉米秸秆资源和林业剩余物资源就成为解决问题的关键了。从'玉米经济'到'生物质经济'顺理成章，上应天时，下得地利，就看人和了。"我侃侃而谈。

"石院士，您说得太好了。您说的这些，我们平时也说过，不过您提出的'生物质经济'就上升到概念和理论了。"一语道出了主任的心领神会和悟性。

我与主任的这几句简单对话，使我再次产生"拈花一笑"感。

"生物质经济"！

一石激起千层浪。

第一届生物质产业发展长春论坛后，不时有消息从吉林传来。"儒林书记不止一次在正式会议上讲生物质经济和吉林省如何发展生物质经济"啊，"某厅局如何制订和采取发展生物质产业的计划和行动"啊，"某公司如何到吉林考察生物质项目和准备投资"啊……

重要的是，2014 年 01 月 26 日，吉林省政府发布了《吉林省发展生物质经济实施方案》和吉林省发改委以实施"十大工程"为依托，协调省直有关部门、全面启动了生物质经济项目。仅仅四个月，饭桌上的"生物质经济"就孵化出一套《吉林省发展生物质经济实施方案》，好高的效率！

"生物质经济"不断见诸省政府的正式文件，省机关刊物上发表了《巨大发展潜力的生物质经济》的文章。一届论坛、一桌宴请、一次谈话、一个概念，就能产生这么大的爆发力和效应吗？非也，乃吉林省自身的急切内在需求，乃天时与地利遭遇强力人和，才导致如此井喷式的"瓜熟蒂落"与"水到渠成"。哲学有云，外因只能通过内因发挥作用。

不知不为，知而有为，大知大为，善莫大焉。

第一届生物质产业发展长春论坛和餐桌上的"生物质经济"像一条导火索，引爆了吉林省蓄积已久的、巨大能量的生物质产业"炸弹"。《吉林省发展生物质经济实施方案》、"十大工程""禁塑令"，等等，第二届论坛的主题便定位于"绿色发展、聚焦生物质经济"。

2014 年 09 月 04 日，第二届生物质产业发展长春论坛召开了，"生物质经济"公开亮相了！2014 年 09 月 11 日的《长春日报》是这样报道的：

"当中国经济继续在创新与转型的轨道上节节推进之时，一个崭新的产业——生物质产业悄然萌动。2013 年便成为全国生物质经济试点的吉林省不动声色地成长、发展，如今突然在人们眼前闪亮起来。"

"去年九月，在两院院士石元春倡议下，首届生物质产业发展长春论坛成功举行。人们在一个全新的思维理念的原野上纵横驰骋，一切固有的顾虑顷刻间土崩瓦解，很多专家纷纷进言，实力企业跃跃欲试。"

"如今，又是金秋九月，石元春、程序、任杰、翁云宣等院士、专家，还有来自德国巴斯夫、美国杜邦、丹麦诺维信、意大利康泰斯、中国广核、中粮生化、长春大成等 30 多家国内外知名企业的代表以及全国工商联新能源商会生物质专委会、中国塑协降解材料专委会等专业协会代表莅临第二届生物质产业发展长春论坛，共商生物质经济发展大计，共谋新兴产业发展策略，共同推动吉林省生物质经济发展。"

吉林省发改委主任的主题演讲《在黑土地上"决胜生物质"》太有气势了！太给力了！演讲一开始就从"玉米经济"说到"生物质经济"，说到"生物质高端利用"和"三个替代"。演讲进一步提出当今世界，正孕育着以生物质经济为代表的产业革命，和中国正面临着全面深化改革和经济社会整体转型，吉林将依托生物质经济理念和丰富的生物质资源，在吉林黑土大地，再造一个绿色油田和气田。

他的演讲成了整个论坛的主题，《吉林日报》和《长春日报》全文刊载。主题报告后，我第一个登场论坛，讲题是《生物质经济》。作为一年前提出"生物质经济"的开创者，我该在第二届生物质产业发展长春论坛诠释了"生物质经济"。

二维码 37　　　　　二维码 38　　　　　二维码 39

14 黑土地保护与物质循环
（2015 年 09 月 07 日，吉林梨树县）

【背景】

中国农业大学为了进一步促进黑土地保护与可持续利用，解决在长期集约种植下黑土地面临的"用养脱节"问题，促进东北粮食主产区的农业可持续发展，中国农业大学和吉林省梨树县人民政府拟联合举办"黑土地论坛"，论坛主持人为李保国教授。我受邀于 2015 年 09 月 07 日在论坛发表了《黑土地保护与物质循环》的演讲。从以土壤为中心的物质循环中的 C、H、O 在自然条件下的循环和人为沼气化中的资源化利用，提出种—养—加模式的有机质回归率可达五成；提出梨树县可作能源用的作物秸秆和畜禽粪便折标煤 109 万吨 / 年，可年产 12 米^3 的生物天然气，产值达 60 亿元，净收入相当于种植业（6 亿元）与养殖业（13 亿元）之和，农民人均收入可年新增 3 300 元及年减排 75 万吨 CO_2。

年龄与身体原因，这是我一生学旅的告别演讲。

黑土地保护与物质循环

2015年09月07日，吉林梨树县

植物从土壤中吸收养分，每次收获必从土壤中带走某些养分，使土壤中的养分减少，土壤贫化。要维持地力和作物产量，就要归还植物带走的养分。

——李比希

在有化肥的补充与调节下，重要的是对土壤有机质的保障性补充，尤其是在黑土地上。

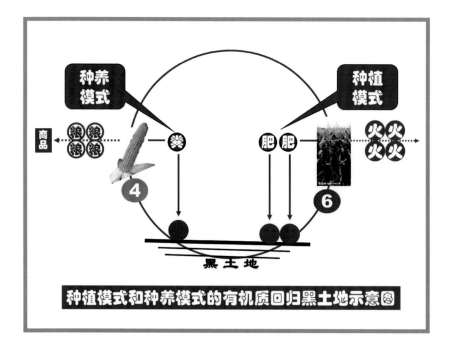

种植模式和种养模式的有机质回归黑土地示意图

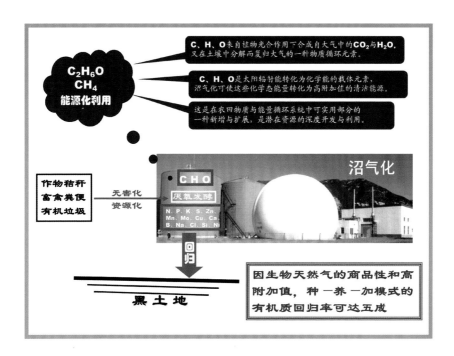

C、H、O来自植物光合作用下合成自大气中的CO_2与H_2O，又在土壤中分解而复归大气的一种物质循环元素。

C、H、O是太阳辐射能转化为化学能的载体元素，沼气化可使这些化学态能量转化为高附加值的清洁能源。

这是在农田物质与能量循环系统中可实用部分的一种新增与扩展，是潜在资源的深度开发与利用。

C_2H_6O
CH_4
能源化利用

沼气化

CHO
厌氧发酵
N、P、K、S、Zn、
Mn、Mo、Cu、Ca、
B、Na、Cl、Si、Ni

作物秸秆
畜禽粪便
有机垃圾

无害化
资源化

回归

黑土地

因生物天然气的商品性和高附加值，种—养—加模式的有机质回归率可达五成

厌氧发酵与
沼气化过程

地质时期里的厌氧过程使有机质得以保存，又经高温高压等地质过程使之脱氧而形成了煤炭、石油、天然气等化石能源。在现代科技条件下，有机物质则可直接在生物学、物理学或化学平台上进行有控转化。其中唯沼气化或甲烷化可在获得高品位的生物天然气的同时，使植物营养因素得到最大量的保存与回归土壤。

■它是农田生态系统中物质循环与利用的中心环节。

■它是作物秸秆和畜禽粪便无害化和资源化利用的主要途径。

■它的经济性极佳，净收入可接近种植业与养殖业之和。

■它有极佳的环境效应，是唯一的负碳生物质能源。

德国生物燃气公司由2004年的2 050家发展到2009年的4 780家，产能由247兆瓦时发展到1 600兆瓦时。2007年瑞典生物天然气驱动的汽车1.5万辆，加气站网遍布全国。 2009年欧盟诸国产BNG250亿米^3。

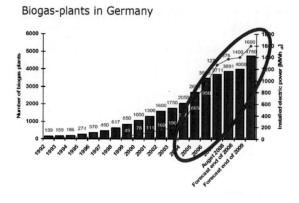

21世纪开始，中国走了一条发展农村用沼气和部分大型养殖场用沼气的道路。国办的惠民与环保项目无商品与市场驱动，投资百亿而成效甚微。自2011年第一个日产1万米^{3}的生物天然气工程在我国面世后，形势发展很快。在多方推动下，国务院推进生物天然气，2015年投入资金20亿元，2015年5月环保部和国家能源局在内蒙古设生物天然气示范区。

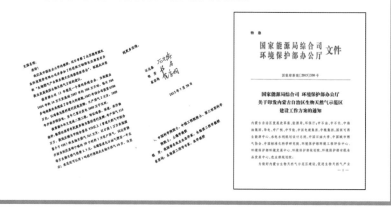

在中国农业大学的支持下，全国最大的吉林天焱生物质能源有限公司日产10万米³ 生物天然气工程于2015年年底投产

项目投资：3.33亿元
日处理鸡粪：1 000吨
日产生物天然气：10万米³
年产有机肥：10万吨
年产值：1.44亿元
建设期：2014.6.至2015.12.

石元春等在天焱生物天然气工程工地考察，2015.7.5。

案例：梨树县

梨树县是吉林省的农业大县，作物秸秆与畜禽粪便资源极丰，可作能源用的折标煤为109万吨/年，其中玉米秸秆约占80%。

吉林省梨树县农业废弃物资源及能源化潜力
（单位：万吨/万头/万只）

项目	数量	实物量	干重	能源用系数	能源用干重	折标煤
秸秆	322	322	257	0.6	154	81.6
牛	29.5	219	43.8	0.6	26.3	12.4
猪	126.0	75	13.5	0.6	8.1	3.5
鸡	763.3	28	22.4	0.8	17.9	
合计	——	322/322	336.7		206.3	109.0

注：为2014年资料，由梨树县提供

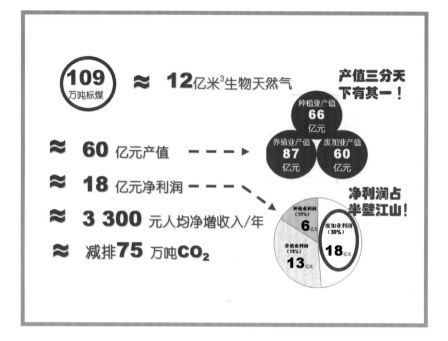

以沼气厌氧发酵为中心的"种—养—加模式"
是黑土地农田生态的一种高质高效的物质
与能量循环系统；是农工一体的现代农业
生产与经营体系。生物天然气的商品性和
极佳经济性是驱动这种模式运行的强力
助推器。

吉林省人民政府关于印发
吉林省发展生物质经济实施方案的通知
吉政发〔2014〕2号

各市（州）人民政府，长白山管委会，各县（市）人民政府，省政府各厅委办、各直属机构：

现将《吉林省发展生物质经济实施方案》印发给你们，请认真贯彻执行。

吉林省人民政府
2014年1月26日

吉林省发展生物质经济实施方案

为促进我省生物质经济发展，特制定本实施方案。

一、发展生物质经济的重要意义。

生物质经济是以生物质产业为核心，横跨现代农业、工业和服务业三次产业，满足生产、生活对清洁能源和生物基产品日益增长的需要，实现绿色、低碳和可持续发展的经济形态。生物质产业是指利用农林废弃物、畜禽粪便、城市和工业有机废弃物、能源植物等可再生或循环的有机物为原料，以高密度转化为基础，以生态技术创新为支撑，以工业化生产为主要方式，制造生物能源和生物基产品的现代绿色产业。发展生物质经济，有利于推动我省经济整体转型和发展方式转变，培育新的经济增长点，有利于推进全省生态文明建设，实现绿色发展，有利于解决"三农"问题，推进绿色城镇化建设，促进城乡协调发展。

二、我省发展生物质经济的有利条件。

吉林省的生物质经济

"生物质经济是以生物质产业为核心，横跨现代农业、工业和服务行业的三次产业，满足生产、生活对清洁能源和生物基产品日益增长的需要，实现绿色、低碳和可持续发展的经济形态。"

"发展生物质经济有利于推动我省经济整体转型和发展方式转变，培育新的经济增长点，有利于推进全省生态文明建设，实现绿色发展；有利于解决'三农'问题，推进绿色城镇化建设，促进城乡协调发展。"

——吉林省人民政府，**2014年1月26日**

第二届生物质产业长春论坛
吉林省发改委主任在主题演讲中提出：

黑土地上决胜生物质！

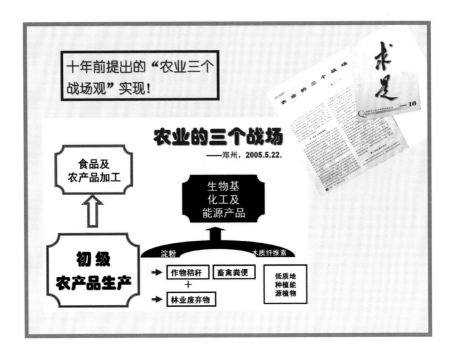

总体上看，我国生态文明建设水平仍滞后于经济社会发展，资源约束趋紧，环境污染严重，生态系统退化，发展与人口资源环境之间的矛盾日益突出，已成为经济社会可持续发展的重大瓶颈制约。

——《中共中央　国务院关于加快推进生态文明建设的意见》

当前，我国经济发展进入新常态，农业发展面临农产品价格"天花板"封顶、生产成本"地板"抬升、资源环境"硬约束"加剧等新挑战，迫切需要加快转变农业发展方式。

——《国务院办公厅关于加快转变农业发展方式的意见》

《国务院办公厅关于加快转变农业发展方式的意见》

七项任务：

1. 增强粮食生产能力，提高粮食安全保障水平；
2. 创新农业经营方式，延伸农业产业链；
3. 深入推进农业结构调整，促进种养业协调发展；
4. 提高资源利用效率，打好农业面源污染治理攻坚战；
5. 强化农业科技创新，提升科技装备水平和劳动者素质；
6. 提升农产品质量安全水平，确保"舌尖上的安全"；
7. 加强农业国际合作，统筹国际国内两个市场两种资源。

"为提高资源利用效率，启动实施农业废弃物资源化利用示范工程"

《发展生物基产品和生物质能源》的总统令

目前生物基产品和生物质能源技术有潜力将可再生农林业资源转换成能满足人类需求的电能、燃料、化学物质、药物及其他物质。这些领域的技术进步能在美国乡村给农民、林业者、牧场主和商人带来大量新的、鼓舞人心的商业和雇佣机会，为农林业废弃物建立新的市场，给未被充分利用的土地带来经济机会以及减少国家对进口石油的依赖和温室气体的排放，改善空气和水的质量。

小结

无论是在生物量中所占的比例，还是资源循环
与利用、生态建设与环境保护以及转变农业发
展方式，农林有机废弃物等非粮生物质将成为
农田生态系统中不可分割的重要组成部分；资
源环境科学与技术中跨学科和跨领域的一个新
方向，现代农业的一个新增长点。

希望

中国正处在大变革时期，愿中国农业大学资
环学院与梨树实验站在资源与环境科技中，
在现代农业建设中勇于开拓，敢于创新，做
出更大贡献。

——于中国农业大学建校110周年校庆

黑土地保护与物质循环

19 世纪 40 年代，德国化学家李比希在提出"矿质营养学说"的同时，提出了"养分归还学说"。他指出："植物从土壤中吸收养分，每次收获必从土壤中带走某些养分，使土壤中养分减少，土壤贫化。要维持地力和作物产量就要归还植物带走的养分"。在当今广泛使用无机化肥的条件下，对土壤有机质的保障性补充，对维持土壤良好的微生态状况、物理性状和培肥土壤都具有重要意义，尤其是在黑土地上。

在以玉米为主的一年一作的黑土地上，有机质回归农田大体有三种模式。一是"种植回归模式"，即在年产出生物量中，约占四成的籽粒以商品粮形式离开了土地，占六成的秸秆中的两成以有机肥回归土壤，另外四成被露地焚烧或作燃料，以少量草木灰形式回归土壤。二是"种—养回归模式"，即以玉米籽粒为饲料，以畜禽粪便归还土壤，可另增一成有机质还田。三是以种植和养殖的作物秸秆和畜禽粪便为基质生产沼气，以沼渣还田的"种—养—加回归模式"。沼气加工生成的生物天然气的商品性、极佳的市场需求与高附加值可促进更多的秸秆和畜禽粪便以沼渣形式回归土壤。"种—养—加回归模式"有约五成有机质还田。

秸秆和畜禽粪便在沼气化过程中将 C、H、O 转化为 CH_4 等气体的同时，将植物营养元素全部保留于沼渣，回归土壤。合成的碳水化合物除用于食物、饲料和燃料外，秸秆与畜禽粪便等农业废弃物中的转化是无实用价值的，而沼气化则可使这些化学态能量转化为高附加值的清洁能源。这是在农田物质与能量循环系统中可实用部分的一种新增与扩展。

地质时期甲的厌氧过程使有机质得以保存，又经高温高压等地质过程使有机质脱氧而形成了煤炭、石油、天然气等，以 C、H 为主要化学组分的化石能源。在现代科技条件下，有机物质则可直接在生物学、物理学或化学平台上有控地转化为固态、气态或液态的生物质能源。其中唯沼气化或甲烷化可在获得高品位的生物天然气的同时，可使植物营养元素得到最大量保存与回归土壤。

沼气化过程是农田生态系统中物质循环与利用的中心环节，是作物秸秆和畜禽粪便无害化和资源化利用的主要途径，是潜在资源的深度开发，且具极佳的经济性（净收入可接近种植业与养殖业之和）与环境效应（是唯一的负碳生物质能源）。

德国生物燃气公司由 2004 年 2 050 家发展到 2009 年 4 780 家，产能由 247 兆瓦时发展到 1 600 兆瓦时。2007 年瑞典生物天然气驱动的汽车 1.5 万辆，加气站网遍布全国。2009 年欧盟诸国产生物天然气 250 亿米^3。

在此期间，中国走的是发展农村用沼气和部分养殖场用沼气的道路。由于国办的惠民与环保项目而无商品性与市场驱动，虽投资百亿元而成效甚微。随着山东民和、北京德清源等大型养殖场的沼气发电以及 2011 年我国第一个日产 1 万米^3 的民营生物天然气工程面世后，沼气商品化形势发展很快。在多方推动下，国务院于 2015 年投入资金 20 亿元推进生物天然气发展；同年 5 月环保部和国家能源局在内蒙古自治区设立了生物天然气示范区。

在中国农业大学协助下，吉林省辽源市金翼蛋品有限公司组建了吉林天焱生物质能源有限公司，其在建生物天然气工程项目投资 3.33 亿元，日处理鸡粪 1 000 吨，年产生物天然气 3 000 万米^3 和有机肥 10 万吨，年产值 1.44 亿元，于 2015 年年底投产。

梨树县是吉林省的农业大县，作物秸秆与畜禽粪便资源极丰。可作能源用的作物秸秆和畜禽粪便折标煤 109 万吨 / 年，可年产 12 亿米^3 生物天然气，产值 60 亿元，接近 2014 年种植业产值（66 亿元）或养殖业产值（87 亿元）。因原料成本低而净收入高，相当于种植业（6 亿元）与养殖业（13 亿元）之和；农民人均收入可年新增 3 300 元及年减排 75 万吨 CO_2。

以沼气厌氧发酵为中心的"种—养—加模式"是黑土地农田生态的一种高质高效的物质与能量循环系统；是农工一体的现代农业生产与经营体系。生物天然气的商品性和极佳的经济性是驱动这种模式运行的强力助推器。这种模式将在吉林省得到快速发展。

2013 年的第一届生物质产业发展长春论坛上，作者提出"20 世纪末吉林省提出玉米经济，现在是该提'生物质经济'了"的建议，该建议受到吉林省委的重视，4 个月后印发了《吉林省发展生物质经济实施方案》的通知。该通知指出，生物质经济是以生物质产业为核心，横跨现代农业、工业和服务行业三次产业，满足生产、生活对清洁能源和生物基产品日益增长的需要，实现绿色、低碳和可持续发展的经济形态。发展生物质经济有利于推动吉林省经济整体转型和发展方式转变，培育新的经济增长点；有利于推进全省生态文明建设，实现绿色发展；有利于解决"三农"问题，推进绿色城镇化建设，促进城乡协调发展。

2014 年的第二届生物质产业发展长春论坛上，吉林省发改委主任在主题演讲中提出了"黑土地上决胜生物质！"的号召。10 年前，2005 年我在郑州演讲中提出的和 2006 年发表于《求是》杂志的"农业三个战场"观正在实现！

《中共中央 国务院关于加快推进生态文明建设的意见》指出，总体上看，我国生态文明建设水平仍滞后于经济社会发展，资源约束趋紧，环境污染严重，生态系统退化，发展与人口资源环境之间的矛盾日益突出，已成为经济社会可持续发展的重大瓶颈制约。

　　《国务院办公厅关于加快转变农业发展方式的意见》指出，当前，我国经济发展进入新常态，农业发展面临农产品价格"天花板"封顶、生产成本'地板'抬升、资源环境"硬约束"加剧等新挑战，迫切需要加快转变农业发展方式。在加快转变农业发展方式的七项任务中提出了"创新农业经营方式，延伸农业产业链""深入推进农业结构调整，促进种养业协调发展"以及"提高资源利用效率，打好农业面源污染治理攻坚战"，并提出"为提高资源利用效率，启动实施农业废弃物资源化利用示范工程"。

　　20世纪末，克林顿在《发展生物基产品和生物质能源》的总统令中指出："目前生物基产品和生物质能源技术有潜力将可再生农林业资源转换成能满足人类需求的电能、燃料、化学物质、药物及其他物质。这些领域的技术进步能在美国乡村给农民、林业者、牧场主和商人带来大量新的、鼓舞人心的商业和雇佣机会，为农林业废弃物建立新的市场，给未被充分利用的土地带来经济机会以及减少我国对进口石油的依赖和温室气体的排放，改善空气和水的质量。"生物质经济在全球范围得到快速发展。

　　无论是在生物量中所占的比例，还是资源循环与利用、生态建设与环境保护以及转变农业发展方式，农林有机废弃物等非粮生物质都将成为农田生态系统中不可分割的重要组成部分，成为资源环境科学与技术中跨学科与跨领域的一个新方向。

　　中国正处在大变革时期，愿中国农业大学资环学院与梨树实验站在资源与环境科技中，在现代农业建设中勇于开拓，敢于创新，做出更大贡献。

——写于庆祝中国农业大学建校110周年之际。

二维码40

二维码41

二维码42

附 录

演讲及报告的 PPT 题录

（1997—2015 年，170 件）

■ 1997 年（2 件）

1.S-863 1997 年工作情况简报，科技部，北京，1997 年 04 月
2.S-863 农业高技术领域研究报告，科技部，北京，1997 年 12 月

■ 1998 年（3 件）

3. 国家自然科学基金重大项目"华北平原节水农业应用基础研究"验收汇报，北京，1998 年 03 月 11 日
4. 农业的科技革命和产业革命——中国农业面临的时代机遇，中国科协纪念会，北京，1998 年 03 月 25 日
5. 农业的基础研究思考，973 会议，北京，1998 年 11 月 01 日

■ 1999 年（6 件）

6. 21 世纪国家高技术（S-863）农业领域战略研究报告（汇报），科技部，北京，1999 年 07 月 02 日
7. 三大科研计划介绍，南京农业大学，南京，1999 年 09 月
8. 土壤学的数字化和信息化革命，中国土壤学会年会，南京，1999 年 10 月 09 日
9. 农业生物技术产业化思考，海口，1999 年 10 月 21 日
10. 绿色经济与农业转型，昆明，1999 年 11 月 27 日
11. 发展农业高科技产业 – 兼回顾绿鹏三年，深圳，1999 年 12 月 16 日

■ 2000 年（5 件）

12. 生命科学在农业，清华大学，北京，2000 年 03 月

13. 西部大开发中的水与农业，兰州，2000 年 09 月 01 日

14. 西部开发中的农业与农业信息技术，昆明，2000 年 10 月 31 日

15. 论生物技术，上海，2000 年 11 月 06 日

16. 迎接新的农业科技革命，哈尔滨，2000 年 12 月 20 日

■ 2001 年（12 件）

17. 农业高技术与绿鹏，深圳，2001 年 01 月 12 日

18. 生命科学与农业，中国科学院大学讲课，北京，2001 年 03 月

19. 谈三点想法，与李部长座谈，中国农业大学，北京，2001 年 03 月 22 日

20. 农业科技革命与现代农业，天津报告，2001 年 05 月 15 日

21. 新兴的农业科技产业，大北农，北京，2001 年 05 月 18 日

22. 现代科技与现代农业，研究生讲座，北京，2001 年 09 月 19 日

23. 星火体制创新与农业科技产业，星火报告，北京，2001 年 10 月 23 日

24. 展望农业科技及其产业化，武汉，2001 年 10 月 24 日

25. 新的农业科技革命，科技部，北京，2001 年 10 月 29 日

26. 农业科技产业汇报，科技部，北京，2001 年 11 月

27. 新的农业科技革命，沈阳，2001 年 12 月 11 日

28. 治沙中的问题和建议，钱正英，北京，2001 年 12 月 23 日

■ 2002 年（10 件）

29. 现代农业与农业科技，宝鸡，2002 年 01 月 08 日

30. 从 GMO 到 WTO——从基因改良事件谈入世后的高技术应对策略，科技部，北京，2002 年 04 月 03 日

31. 现代科技与现代农业，海口，2002 年 04 月 10 日

32. 生命科学与农业，研究生讲座，中国科学院大学，北京，2002 年 04 月

33. 新的农业科技革命和现代农业，钓鱼台报告，2002 年 04 月 29 日

34. 走出治沙误区，资源与环境学院报告，2002 年 05 月

35. 现代农业，院士会报告，北京，2002 年 05 月 30 日

36. 新的农业科技革命与现代农业，扶贫报告，2002 年 06 月 04 日

37. 现代农业，上海交通大学，上海，2002 年 06 月 24 日

38. 现代农业，农校报告，2002 年 07 月

■2003 年（16 件）

39. 我国农业信息化的战略重点选择，北京，2003 年 03 月 23 日

40. 科技进步与现代农业，北京，2003 年 04 月 05 日

41. 农业生物技术概况与需求，中国科学院，2003 年 06 月

42. 新的农业科技革命与现代农业，中国农业大学讲习班

43. 大声疾呼：发展草业，太原，2003 年 08 月 10 日

44. 现代农业——对农业高等教育的挑战，教育部教改会，2003 年 08 月 26 日

45. 谈我的现代农业观，2003 年 08 月

46. 农业科技问题专题（04）开题报告，国家中长期科学和技术发展规划战略研究，2003 年 08 月 30 日

47. 现代农业，华中农业大学，武汉，2003 年 09 月 06 日

48. 现代农业，乌鲁木齐，2003 年 09 月 18 日

49. 伟大的里程碑——农业生物技术，杭州，2003 年 09 月 24 日

50. 生物科技与现代农业，中国农业大学研究生讲座，2003 年 10 月 16 日

51. 现代农业，长春，2003 年 10 月 28 日

52. 现代农业，远程教育课，北京，2003 年 10 月

53. 现代农业，河南驻马店，2003 年 11 月 01 日

54. 现代农业，华南农业大学，广州，2003 年 12 月 10 日（缺 PPT）

■2004 年（13 件）

55. 农业科技专题情况通报，中国农业大学，2004 年 03 月 19 日

56. 农业发展中的重大科技工程——展望 2020，中国工程院，2004 年 06 月 04 日

57. 农业科技问题研究（汇报），中南海，北京，2004 年 06 月 15 日

58. 主题与战略——中国农业：2020，教育部，2004 年 07 月 21 日

59. 现代农业，牡丹江，2004 年 08 月 18 日

60. 建设现代农业，中国农业在学干训班，北京，2004 年 09 月 04 日

61. 生物质经济，中国科学家论坛，北京，2004 年 09 月 29 日

62. 生物质经济，福州，2004 年 10 月 12 日

63. 农林生物质工程，北京，2004 年 10 月 15 日

64. 粮食安全与资源替代——2020，北京 2004 年 10 月 16 日

65. 中国农业：2020，中国农业大学研究生讲座，2004 年 10 月 27 日

66. 主题与战略——中国农业：2020，上海，2004 年 12 月 11 日

67. 农林生物质工程（重大专项建议汇报），北京，2004 年 12 月 25 日

■ 2005 年（22 件）

68. 中国农业：2020，（主题—战略—科技方案），农业部，2005 年 01 月 05 日

69. 农林生物质产业，中国生物质工程论坛，2005 年 01 月 28 日

70. 数字农业重大专项汇报，科技部，北京，2005 年 03 月 03 日

71. 中国生物质加工产业的资源保障，2005 年 04 月 10 日

72. 从农业发展历史看科学与人文的互动，北京，2005 年 04 月 29 日

73. 农业的三个战场，郑州，2005 年 05 月 02 日

74. 谈发展生物质产业中的几个问题，北京香山，2005 年 05 月 31 日

75. "生物质能源利用的潜力与前景"，科学会议讨论要点草拟（部分），香山会议总结发言，2005 年 06 月 01 日

76. 生物质产业，中国农业大学，资源与环境学院论坛，2005 年 06 月 27 日

77. 建设现代农业，中国农业大学干训班，2005 年 08 月 24 日

78. 科技的顶层创新，中国科学家论坛，北京，2005 年 08 月

79. 从世界农业信息化现状看中国农业信息化的发展，信息化推进大会，北京，2005 年 09 月 22 日

80. 生物质液体燃料要有一个大的发展，南宁，2005 年 09 月

81. 新兴的生物质产业，北京密云，2005 年 09 月 25 日

82. 建设现代农业，中国农业大学山西班，北京，2005 年 10 月 21 日

83. 生物技术与农业和生物质能源，深圳高交会，2005 年 10 月 12 日

84. 生物质经济，中国农业大学研究生班讲座，2005 年 10 月 19 日

85. 生物节水技术及其发展前景，香山科学论坛，2005 年 11 月 02 日

86. 生物质产业介绍，张文献，2005 年 11 月

87. 现代农业的结构革命——学习十六大五中全会《建议》，《经济日报》论坛，2005 年 11 月 12 日

88. 生物质经济与现代农业，广州，2005 年 12 月 2 日

89. 21 世纪的生物质经济与农业的结构革命，上海交通大学学委会年会，2005 年 12 月 10 日

■ 2006 年（18 件）

90. 关于推动农林生物质发展情况汇报，北京，2006 年 02 月 13 日

91. 一个潜在的生物质产业大省：广西，南宁，2006 年 02 月 22 日

92. 南宁市委报告，2006 年 02 月 25 日

93. 现代农业，上海交通大学，上海，2006 年 03 月 29 日

94. 生物质能源课题工作计划汇报，"中国可再生能源发展战略"项目组，

2006 年 04 月 04 日

95. 生物质能源替代石油的构想，钓鱼台，北京，2006 年 04 月 29 日

96. 现代农业，中国农业大学干训班，北京，2006 年 05 月 11 日

97. 新兴的生物质产业—农业的结构革命，浙大杭州，2006 年 05 月 17 日

98. 农业的三个战场，经济论坛，北京，2006 年 05 月 24 日

99. 新兴的生物质产业，南宁，2006 年 06 月 06 日

100. 新兴的生物质产业，国务院讲习班，2006 年 07 月 09 日

101. 关于我国生物质能源的发展战略与目标，北京，2006 年 08 月

102. 生物质经济与现代农业，中国农业大学研究生讲座，2006 年 10 月 11 日

103. 现代农业，中国农业大学广西班，2006 年 10 月 18 日

104. 发展生物质能源的战略与目标。生物质能源论坛，北京，2006 年 11 月 12 日

105. 新兴的生物质产业，安徽芜湖，2006 年 11 月 18 日

106. 新兴的农林生物质产业，国家林业局论坛，2006 年 11 月 24 日

107. 社会主义新农村建设——发展生产力与现代农业，三亚论坛，2006 年 12 月 20 日

■ 2007 年（19 件）

108.. 新兴的生物质能源产业—— 国际·中国·海南，卫留成书记，海口，2007 年 01 月 11 日

109. 新农村建设与现代农业，上海交通大学，2007 年 01 月 28 日

110. 我国生物质产业发展战略研究汇报，中国工程院农业学部 2005 年咨询项目，2007 年 02 月 28 日

111. 情况汇报——"生物质能源专题组"，中国工程院"中国可再生能源发展战略研究"咨询项目 2007 年 03 月 02 日

112. 现代农业，中国农业大学广西班，2007.10.18

113. 现代农业，苏州，2007 年 04 月 23 日

114. 研究情况汇报——"生物质能源专题组"，中国工程院"中国可再生能源发展战略研究"咨询项目 2007 年 05 月 21 日

115. 中国生物质能源发展现状与前景，钓鱼台论坛，2007 年 06 月 09 日

116. <中国应对气候变化国家方案 > 与生物质能源产业，国研斯坦福，2007 年 06 月 22 日

117. 解困"三农"，路在何方？，2007 年科学家论坛，2007 年 07 月 14 日

118. 新兴的生物质产业，杭州，2007 年 07 月 17 日

119. 建设现代农业—前提与路径，中国农业大学研究生班讲座，2007 年 07 月

23 日

120. 就生物质能源给陈德铭主任信, 2007 年 09 月 04 日

121. 生物质能源与能源农业, 中国农学会, 2007 年 09 月 20 日

122. 中国农业生物技术产业, 杜邦论坛, 2007 年 09 月 27 日

123. 农业生物产业, 中国农业大学研究生讲座, 2007 年 10 月 10 日

124. 迎接生物质经济时代, 大北农, 2007 年 11 月 10 日

125. 生物质产业, 江西报告, 2007 年 11 月 22 日

126. 生物质工程导论——绪论:宏观视角, 中国农业大学, 2007 年 11 月 29 日

■ 2008 年(9 件)

127. 感悟农业, 中国农业大学, 北京, 2008 年 03 月 16 日

128. 中国生物燃料的原料资源与开发, 亚太生物燃料论坛, 青岛, 2008 年 06 月 02 日

129. 一个绕不过去的坎——生物燃料, 第七届中国科学家论坛, 北京, 2008 年 06 月 28 日

130. 现代农业, 西宁, 2008 年 07 月 03 日

131. 事出有因, 查无实据—生物燃料与粮食, 中国工程院生物质燃料论坛, 清华大学, 2008 年 07 月 09 日

132. 土壤:一个新的功能, 中国土壤学会年会, 北京, 2008 年 09 月 25 日

133. 迎接生物质经济时代, 中国农业大学研究生讲座, 北京, 2008 年 10 月 08 日

134. 学习两个"三中全会"——11 届和 17 届, 深圳, 2008 年 11 月 17 日

135. 生物质能源在 2008, 国家林业局论坛, 北京, 2008 年 12 月 16 日

■ 2009 年(8 件)

136. 关于农民增收问题, 郑州, 2009 年 05 月 06 日

137. 生物质产业一石三鸟, 长沙, 2009 年 04 月 16 日

138. 能源草业, 合肥, 2009 年 10 月 15 日

139. 中国的生物质能源, 钓鱼台, 北京, 2009 年 10 月 22 日

140. 可用于生物质能源生产的边际性土地资源, 中国工程院, 2009 年 11 月 03 日

141. 秸秆能业, 合肥, 2009 年 11 月 09 日

142. 时代的使命与机遇——能源农业, 南宁, 2009 年 11 月 12 日

143. "三农"—减碳—治沙, 深圳, 2009 年 12 月 22 日

■ 2010 年（11 件）

144. 生物质能源发展近况与建议，国家能源局汇报，2010 年 01 月 19 日

145. 生物质发电之我见，国家能源局汇报，2010 年 03 月 09 日

146. 中国生物质能源的情况与问题，郑必坚，2010 年 03 月 23 日

147. 中国的生物质能源，深圳，2010 年 04 月 16 日

148. 关于燃料乙醇的能效与减排问题（读书心得），武夷山，2010 年 04 月 20 日

149. 能源换代的世纪，镇江，2010 年 05 月 13 日

150. 发展中国生物燃料的战略思考，中美生物质能源论坛，2010 年 05 月 27 日

151. 新能源的挑战与机遇，成都，2010 年 06 月 23 日

152. 中国的生物质能源，北京，2010 年 08 月 16 日

153. 清洁能源在中国，中国台北，2010 年 09 月 06 日

154. 生物质能源优先论，济南南山论坛，2010 年 10 月 24 日

■ 2011 年（5 件）

155. 中国的粮食安全刍议，中国工程院，

156. 生物质能源的十个为什么？北京科技馆，2011 年 03 月 12 日

157. 生物质能源：一个农业工作者的视角，杭州，2011 年 04 月 11 日

158. 中国的生物质能源，北京，2011 年 05 月 28 日

159. 可再生能源"十二五"规划部分指标解读，中国科学院北京研究生院，2011 年 12 月 22 日

■ 2012 年（3 件）

160. 与中石油和四川件彭州座谈，2012 年 03 月 17 日

161. 绿色文明 谈何容易，山东东营，2012 年 08 月 31 日

162. 现代资源环境观的发展，中国农业大学，北京，2012 年 11 月 09 日

■ 2013 年（2 件）

163. 当前我国生物质能源产业发展形势，第一届生物质产业发展长春论坛，2013 年 09 月 24 日

164. 迎接大发展——生物质能源的春天，广州，2013 年 12 月 21 日

■ 2014 年（3 件）

165. 生物质与现代农业，海口，2014 年 03 月 26 日

166. 生物质经济，长春，2014 年 09 月 04 日

167. 迎接生物质能源发展的第二次浪潮，北京，2014 年 09 月 17 日

■ 2015 年（3 件）

168. 生物质能源产业，光大国际，深圳，2015 年

169. 中国生物质产业出征"一带一路"，第三届生物质产业发展长春论坛，长春。2015 年 07 月 08 日

170. 黑土地保护与物质循环，吉林梨树县，2015 年 09 月 07 日

二维码 43